后浪出版公司

Introduction To
PHENOMENOLOGY
现 象 学 导 论

罗伯特·索科拉夫斯基————著　　张建华　高秉江————译

上海文化出版社

图书在版编目（CIP）数据

现象学导论 / （美）罗伯特·索科拉夫斯基著；高

秉江，张建华译. -- 上海：上海文化出版社，2020.12（2025.5重印）

ISBN 978-7-5535-2142-8

Ⅰ.①现… Ⅱ.①罗… ②高… ③张… Ⅲ.①现象学

—研究 Ⅳ.①B81-06

中国版本图书馆CIP数据核字(2020)第210954号

This is a Simplified-Chinese translation of the following title published by Cambridge University Press:

Introduction to Phenomenology

ISBN 9780521667920

© Robert Sokolowski 2000

This Simplified-Chinese translation for the People's Republic of China (excluding Hong Kong, Macau and Taiwan) is published by arrangement with the Press Syndicate of the University of Cambridge, Cambridge, United Kingdom.

© Shanghai Culture Publishing House and Ginkgo (Shanghai) Book Co., Ltd., 2020.

图字：09-2020-953 号

出 版 人	姜逸青
策　　划	后浪出版公司
责任编辑	任　战
特约编辑	曾雅婧
版面设计	李红梅
封面设计	张萌
出版统筹	吴兴元
营销推广	ONEBOOK

书　　名	现象学导论
著　　者	〔美〕罗伯特·索科拉夫斯基
译　　者	高秉江　张建华
出　　版	上海世纪出版集团　上海文化出版社
地　　址	上海市闵行区号景路159弄A座3楼　201101
发　　行	后浪出版公司
印　　刷	天津中印联印务有限公司
开　　本	889×1194　1/32
印　　张	9.75
版　　次	2021年1月第一版　2025年5月第十次印刷
书　　号	ISBN 978-7-5535-2142-8/B.011
定　　价	49.80元

献给方济各会修士欧文·J. 萨德里尔（Owen J. Sadlier, O.S.F.）

目 录

鸣　谢

感谢已故的吉安-卡洛·罗塔（Gian-Carlo Rota）向我提出本书的话题，也感谢他在本书的撰写过程中提供的帮助和鼓励。在"导言"里，我描述了写作本书的想法是怎样在我和罗塔之间的一次谈话中产生的。事实上我已经不能和他一起分享这本完整的著作了，这也是他最近的突然去世所带来的一件令人悲痛的事情。

很多朋友和同事评论过本书的初稿。我在好几个地方不仅采用了他们的观点，而且还使用了他们的表述。感谢约翰·布鲁（John Brough）、理查德·科布-史蒂文斯（Richard Cobb-Stevens）、约翰·德鲁蒙德（John Drummond）、詹姆斯·哈特（James Hart）、理查德·哈斯英（Richard Hassing）、皮耶特·胡特（Piet Hut）、约翰·斯莫柯（John Smolko）、罗伯特·特拉格赛尔（Robert Tragesser）以及凯文·怀特（Kevin White）。约翰·麦卡锡（John McCarthy）尤其提出了慷慨的评论。我在美国天主教大学开设的一门课程上曾经使用本书的初稿作为课程讲义，因此，感谢参与这门课程的学生提出的各种建议，其中艾米·辛格（Amy Singer）的一些说法特别有用。最后还要感谢弗朗西斯·斯雷德（Francis Slade），因为贯穿于本书的一些思想和表述都是受到他的启发，特别是他对现代性的一些看法，成为我在处理本书最后一章的材料时所依赖的基础。

　　这本书题献给方济各会修士欧文·J.萨德里尔，他的慷慨和哲学判断力使得有幸与他结交的朋友们受益匪浅。

导言
本书的缘起和目的

本书的创作计划始于 1996 年春季我和吉安-卡洛·罗塔的一 次谈话。他当时作为数学和哲学客座教授在美国天主教大学讲学。

罗塔常常注意到数学家和哲学家的差别。他说数学家往往是把他们前辈的作品直接吸收到自己的工作中来，而不是去评注以前的数学家的作品，尽管他们深受其影响。他们只是利用他们在读到的作者那里发现的材料。当数学取得进展的时候，后来的数学家就把新的发现加以浓缩，然后继续前进。很少有数学家研究过去几百年的著作；在他们看来，与当代数学相比，这些古老的作品简直就像孩子们干的活儿。

在哲学那里的情况却恰好相反，经典作品常常作为注解的对象被供奉起来，而不是作为可以利用的资源。罗塔观察到，哲学家很少追问："我们要从这里向何处发展？"相反，他们告诉我们的是重要思想家的有关学说。他们倾向于评注而不是意释（paraphrase）先前的作品。罗塔认可评注的价值，但是认为哲学家应该做得更多。除了提供讲解，哲学家们还应该精简先前的作品，直接针对问题，用自己的声音表达前辈已经完成的东西，并将其纳入自己的研究之中。他们在进行评注的同时，还应该提炼精粹。

正是基于这种背景，罗塔对我说——当时我上完了课，我们一起在天主教大学哥伦布法学院（Columbus School of Law）的自助餐厅喝咖啡——"你应该写一本现象学导论。就写这个。不要说胡塞尔和海德格尔思考过什么，只告诉人们现象学是什么。不要花哨的题目，就叫它现象学导论好了。"

这个出色的建议打动了我。已经有了很多评注胡塞尔的书籍和文章，为什么不尝试一下效仿胡塞尔本人撰写的那几本导论呢？而且这样的做法似乎是正确的，因为现象学能够继续对当今的哲学做出重要贡献。它的智力资本远远没有耗尽，它的哲学能量还有很大的利用空间。

现象学致力于研究人类的经验以及事物如何在这样的经验中并通过这样的经验向我们呈现。它试图恢复人们在柏拉图那里看到的哲学意韵。然而，它不是像研究古董般地复原古代思想，而是要面对现代思想所提出的问题。它超越古代人和现代人，并力图在我们当前的境遇中重新激发哲学生活。因此，我撰写的这本书不仅仅是要向读者讲述一场特殊的哲学运动，而且是要在哲学遭到严重质疑或者被普遍忽视的时代，提供哲学思考的可能性。

因为这本书是一本现象学导论，我使用了在现象学传统中发展出来的哲学词汇。我用到诸如"意向性""明见性"①"构造""范畴直观""生活世界""本质直观"等词语。不过，我没有评注这些词

---

① evidence，指不需要前提推理和逻辑论证的直观自明显现，通常译为"明证性"，但 evidence 一词的本意恰恰是要排除间接的论证和推理，故我赞同倪梁康先生将其译为"明见性"。但"见"如果仅仅是主观地看，则违背胡塞尔反对心理主义的主旨，本人认为译作"明现性"更好，不过，"见"字在古代汉语中通"现"，故"明见性"已经暗含了"明现性"的含义，应是很合适的译法。——译注

项，好像它们都外在于我自己的思考；我使用它们。我认为它们命名了重要的现象，而我想要让这些现象能够为本书的读者所了解。我在这本书里没有追溯这些词项和其他的词项以怎样的方式出现在胡塞尔、海德格尔、梅洛-庞蒂和其他现象学家的作品当中；我直接就使用这些语词，因为它们身上仍然存在着生命力。比如说，我按照这种方式来谈论明见性，而不仅仅是讲述胡塞尔关于明见性说了什么——这样做是合法的。不必非得通过表明其他人如何使用这些词项来对它们进行说明。我们没有必要把它们束缚在僵死的文本意义上以便从中获益。

我把关于现象学的历史纵览留给本书的附录。此刻我们只需记住埃德蒙德·胡塞尔（1859—1938）是现象学的创始人，他的著作《逻辑研究》可以被正当地看作现象学运动的创始宣言。《逻辑研究》分两部分出版于1900年和1901年，所以现象学是伴随着新世纪的曙光而诞生的。我们今天站在20世纪的末尾，因而可以回顾几乎刚好100年的现象学运动的历史。胡塞尔的学生、同事以及后来的对手马丁·海德格尔（1889—1976）是德国现象学的另一个主要人物。现象学运动还在法国蓬勃开展，其代表人物有伊曼努尔·列维纳斯（1906—1995）、让-保罗·萨特（1905—1980）、莫里斯·梅洛-庞蒂（1907—1960）以及保罗·利科（生于1913年[①]）。在革命前的俄国、比利时、西班牙、意大利、波兰、英国和美国，现象学也都取得了重大发展。现象学影响了许多其他的哲学与文化运动，例如诠释学、结构主义、文学形式主义（literary formalism）和解构。在整个20世纪，现象学一直都是所谓"欧陆"哲学——与英美哲学典型的"分析"传统相对立——的主要构成部分。

---

① 利科逝世于2005年5月。——译注

现象学与显象问题 [①]

　　现象学是一场意义深远的哲学运动，因为它成功地处理了显象问题。显象问题自哲学开端以来就一直是人类问题的一部分。智者派通过玩弄语词戏法来操纵显象，柏拉图对他们的言论做出了反驳。从那个时候开始，显象一直都在激增，范围极度扩大。我们彼此之间不仅用言说或者书写的语词来产生显象，而且通过扩音器、电话、电影、电视以及电脑和互联网、宣传和广告来产生显象。呈现和再现的方式迅速增加，令人迷惑的问题也随之产生：电子邮件信息与电话和书信如何区别？当我们阅读一个网页时，谁在对我们说话？我们今天的交流途径如何改变了说话者、听话者和交谈？

　　我们今天面临的一个危险是，随着影像和语词的技术性膨胀，似乎一切都消解成单纯的显象。这个问题可以按照三个主题，即"部分与整体""多样性中的同一性""在场与缺席"来系统地表述：

4　在今天，没有任何整体的片段、没有同一性的多样性、没有任何持久真实在场的多重缺席似乎要把我们淹没。我们除了**拼凑起来的东西**之外没有别的，我们甚至还认为，可以把我们周围的零星片段拼装起来，凑成便利而愉悦却流变不居的同一性，以此随意地杜撰自己。我们拼凑零碎来支撑我们的颓废。

───────────

① 　现象学（phenomenology）是研究意识显现与构成的哲学，因此我认为译成"显象学"更为妥帖，这样特别有利于把它和传统哲学有关本质与现象的研究相区别，但是鉴于"现象学"的译名已经约定俗成，故本书仍维持原有的译法。此处的 appearance 指的是现象学研究的对象，并非一般意义上的表象，故译为"显象"。译者认为，"显像"中的"像"仍然有静态表象的含义，而"象"在中国文化中意蕴丰富，与西方哲学家柏拉图的 idea 有异曲同工之妙。陈康先生将柏氏之 idea 译为"相"，但译者以为"象"更为贴近其原意，因此没有把 appearance 译为"显像"，而是译为"显象"，取其灵动且形意兼得之意。——译注

与这种后现代的显象理解相反，在其经典形式上的现象学坚持认为，只有在相称的整体背景上，部分才能够被理解；显象的多样性怀有同一性；除非与那些能够通过缺席而达到的在场相互映衬，否则的话，缺席便是毫无意义的。现象学坚持认为，同一性和可理解性是可以在事物中得到的，而且，我们自己就被界定成这样的同一性和可理解性的被给予者。我们可以明见事物的存在方式；在这样做的时候，我们揭示了对象，但是也揭示了我们自己，恰恰就是作为显露的接受者（dative），作为事物向其显现的接受者。我们不仅能够思考在经验中被给予我们的事物；我们还能够在思考它们的时候理解我们自己。现象学正是这种理解：**现象学就是理性在可理解的对象面前的自我发现**。本书的分析都是作为这样的澄清而被呈现给读者的，即澄清"让事物显现以及成为事物的显象的接受者，这对于我们来说意味着什么"。许多哲学家都声称，我们必须学会过一种没有"真理"与"理性"的生活，但是本书则力图表明，如果我们要过人的生活，就必须而且能够履行责任和成真（truthfulness）。

本书概要

这本《现象学导论》广泛地使用了胡塞尔制定的术语，这套术语已经在现象学运动中成为标准。第一章讨论现象学的核心议题即意向性，并说明为什么它是我们当今哲学和文化境遇中的一个重要话题。第二章提出一个简单范例，该范例属于现象学所提供的那种分析；我希望通过这个范例能够让读者对现象学的思想风格有所感受。第三章考察现象学中的三个重要主题：部分与整体、多样性中的同一性、在场与缺席。这三个形式结构贯穿现象学的始终，而

5　　且如果我们留心其在场的话，就可以更加容易地把握很多议题的要旨。我还会宣称，虽然几乎所有的哲学流派都对"部分与整体"和"多样性中的同一性"（多中的一）的主题有所论述，然而对于"在场与缺席"的明确而持续的研究却是现象学所独创的。

　　当读者读完前三章，也就是看完我们提出的若干现象学分析之后，我们就有可能回过头来说明作为一种哲学的现象学是什么，并且表明其思维方式如何不同于前哲学的经验所具有的思维方式。关于现象学的这个初步定义是在第四章里给出的，"现象学态度"和"自然态度"也在这一章加以区分。

　　接下来的三个章节对人类经验的不同领域展开具体的现象学探究。第五章考察知觉及其两种变体：记忆和想象。它研究了我们所谓的知觉的"内在的"转变；除了看到和听到事物，我们还进行回忆、预期、幻想，在进行这些活动的时候，我们过着私人的，甚至是隐秘的意识生活。第六章转到对于知觉的较为公开的转变：语词、图像和象征。在这里，我们意识到的外在事物不仅仅是被知觉到的事物，而且还是作为影像、语词或者其他类型的再现而得到诠释的事物。最后，第七章介绍有关范畴思维的主题。在这种范畴思维中，我们不仅知觉事物，而且还联结（articulate）它们；不仅表现简单对象，而且表现事物的排列和事态。在范畴思维中，我们从有关简单对象的经验走到可理解对象的呈现。这一章还包括对于意义、含义（sense）和命题的重要分析。该章力图说明，与人们通常对于"概念"和"思想"的看法相比，它们实际上是更为公开的。它试图表明，含义和命题不是心理学的、心灵的或者概念性的存在体（entity）。在讨论真理的本性的时候，尤其是在现代哲学所产生的哲学氛围中，需要遵循正确的途径来理解命题和含义，这可是一件至关重要的事情。这样，第五章到第七章提供了三个经验领域的现象学描述：记忆和想象的"内在"领域，被知觉的对象、语词、图像和象征的"外在"领域，以及范畴对象的"理智"领域。

第八章考察在前几章描述的全部意向性范围内确立起来的作 6 为同一性的自我（self）或说本我（ego）。自我被描述成有责任的真理执行者。它在记忆和预期以及主体间的经验之内得到认定（identified），而且，诸如事态和组群等更高级的理智对象，就是通过自我实行的认知行为而被呈现的。自我是为其宣称承担责任的那个责任者。自我问题逻辑地导向第九章有关时间和内在时间意识的话题，内在时间意识支撑着自我的同一性。时间性是知觉、记忆、预期以及生活在这些意识活动之中的自我的条件。最后，第十章考察自我在其中栖居的世界，即"生活世界"，我们在生活世界范围内直接经验到我们周围的事物。这个世界是现代自然科学赖以建立的基础。各门科学并没有提供其他的选择来代替我们在其中生活的这个世界，而是产生于生活世界并且必须在生活世界中得到整合。此外，这一章也非常简要地讨论了主体间性问题。

第十一章转向我们可以称之为理性现象学的讨论。它不仅考察了我们所运用的各种意向性，而且特别考察了那些导向事物真理的东西，它们可以被叫作"明见性"。尤其是在这一章里，我们看到现象学如何把人的心灵和人的理性看成是朝向真理而规整的。第十二章讨论本质直观，这种意向性揭示事物所必然拥有的本质特征。本质的明见性不仅仅达到事实的真理，而且还达到本质的真理。这一章是理性现象学的进一步发展。

本书最后两章返回到现象学是什么的问题。第四章已经对现象学进行了初步描述，但是现在可以给出一个更加完备的描述。第十三章通过区分现象学反思和我们所谓的命题性反思（这是第七章的主题之一），阐述了哲学思维的本性。我在此处表明，哲学，或者现象学，不仅仅是对意义的澄清，而且还是某种更深层次的探索。这一章所研究的诸多区分，不仅更加清晰地表明了哲学是什么，同时也更为清晰地揭示了概念、含义和命题是什么。

　　在最后一章即第十四章，我试图通过把现象学与现代性和后现代性相对比来描述现象学。另外我还加了一节简要的评论，关于现象学如何能够与托马斯主义哲学相区别。我把现象学置于我们当今的历史境遇之中来加以界定。现代哲学有两个主要的元素，即政治哲学和认识论，而现象学非常明确地仅仅致力于认识论。但是，因为它把人的理性看作是朝向明见性和真理而规整的，所以现象学也能够以间接的方式处理政治理论中的诸多现代议题。如果人类是由能够成真的能力所规定的，那么政治和公民身份就担负着一种独特含义。

　　现象学认为理性在目的论意义上是以真理为旨归的，就此而言，现象学类似于托马斯主义哲学，后者代表着一种对于存在和心灵的前现代理解。但是，现象学又不同于托马斯主义，因为它不是从《圣经》启示的内部来探究哲学。现象学和托马斯主义都是现代筹划之外可供选择的方案，但是它们二者路径不同，因此，它们的互相比较可以更进一步澄清作为一种哲学形式的现象学。

　　本书向读者介绍了哲学在 20 世纪的一个重要发展即现象学的术语和观点。现象学的发展不仅仅属于过去。它能够帮助我们在新世纪和新千年之初努力回想起我们永远不能彻底忘却的东西。这本书始于数学和哲学的一次交谈；希望它有助于我们培育在这两个人类冒险领域之中表达的理性生活。

第一章
什么是意向性？它为什么重要？

　　与现象学联系最为密切的词项是"意向性"。现象学的核心学
说认为，我们实行的每一个意识行为，我们拥有的每一个经验，都
是意向性的：它在本质上是"关于某事物或别的事物的意识"，或
者说是"关于某事物或别的事物的经验"。我们所有的意识都指向
对象。如果我观看，我是在看某个视觉对象，例如看一棵树或者一
片湖泊；如果我想象，我的想象呈现某个想象的对象，例如一辆行
驶而过的汽车；如果我陷入回忆，我是在回忆一个过去的对象；如
果我在进行判断，那么我是在意向一个事态或者一个事实。每一个
意识行为，每一个经验，都与某个对象相关联。每一个意向都有其
被意向的对象。

　　我们应当注意，在这种意义上的"意向"（动词的"intend"或
者名词的"intention"）不应该与"意图"（intention：意图、打算）
即我们行动的时候心存的"目的"相混淆（"他买了一些木材的意
图是要建一幢小木屋"；"她打算一年后修完法学院的课程"）。现
象学的意向性概念首先适用于知识理论，而不是适用于有关人的活
动的理论。现象学对"意向"一词的使用有些不大方便，因为它与
平常的用法相背离（平常的用法往往是在实践意义上使用这个词）；
现象学的用法几乎总是让人想起这个词的伴音，即实践意图上的含
义。不过，"意向性"及其同根词在现象学那里已经成为专门术语，

在讨论这个哲学传统的时候没有办法回避它们。我们不得不适应，这样来理解这个词的意思：它首先表示的是心灵的或认知的意向，而不是实践的意图。在现象学那里，"意向"（intending）指的是我们所拥有的与对象的意识关系。

自我中心的困境

9　　意向性学说宣布一切意识行为都指向某种对象。意识在本质上是"关于"某事物或其他事物的意识。当我们接受了这个教导，而且得知这个学说是现象学的核心内容，这时候我们可能会感到一丝失望。这个观念有如此重要吗？为什么现象学竟然对意向性小题大做呢？意识就是关于某事物的意识，经验就是关于某种对象的经验，这对于每个人来说难道不是非常明显的吗？这样微不足道的事情还需要宣布吗？

　　这些事情的确需要申明，因为过去三四百年的哲学是以非常不同的方式来理解人的意识和经验的。主导着我们文化的笛卡尔传统、霍布斯传统和洛克传统都告诉我们，当我们有所意识的时候，我们首先觉察到我们自己或者我们自己的观念。意识被理解成一项保护罩或者一间封闭的幽室；心灵装在一个盒子里。印象和概念发生在这个封闭的空间，产生在这个观念和经验的圈子之内，我们的意识指向它们，而不是指向"外面的"事物。我们可以通过推理而努力来到外面：我们可以推论我们的观念必定是由某种外在于我们的东西所引起的，我们还可以建构有关这些事物必定是像什么的假说和模型，但我们不是以任何直接的方式接触它们。我们要达到事物，只有通过从我们的心灵印象开始的推理，而不是通过让事物向我们呈现。我们的意识首先根本不是"关于"某事物的意识。相反，我们陷在那种一直被称作"自我中心的困境"里面；我们从一开始就能够真正确信的一切，只是我们自己的有意识的实存以及这种意识的诸多状态。

这种对于人的意识的理解，进一步受到有关大脑和神经系统的知识的强化。似乎毫无疑问的是，一切认知都必定发生"在头脑里面"，我们也许可以直接接触到的东西，全都是我们的大脑状态。我曾经听过一位著名的脑神经科学家在一次报告中几乎是含着眼泪说，他搞了这么多年的大脑研究，还是无法说明"我们头颅中的那个鳄梨色器官"如何能够跨出它自己从而伸进外部世界。我可以大胆地讲，几乎每个上过大学而且修过生理学、神经学或者心理学课程的人都会遇到同样的困惑。

在我们的文化中，这些关于意识的哲学理解和科学理解已经广为流传，把我们逼进自我中心困境，使我们感到极为不安。我们本能地知道我们并不是被幽禁在自己的主体性之中，我们深信我们确实走出了自己的大脑和内在心灵状态，但是我们不知道怎样来为这种确信辩护。我们不知道怎样去表明我们与"实在世界"的接触并不是一种幻觉，并不是一种单纯的主观投射。在很大程度上，我们一点儿都不知道我们究竟是怎么走出自己之外的，而且我们对付这个问题的方式大概就是不闻不问，也希望没有人会向我们提出这个问题。一旦我们试图思考人的意识的时候，就从"我们完全是在'里面'"这个前提出发，至于究竟如何能够来到"外面"，在这个问题上我们就茫然无措了。

如果失去了意向性，没有共同的世界，那么我们也就无法参与理性、明见性和真理的生活。每个人都转向自己的私人世界，而且在实践方面我们只做自己的事情：反正真理没有向我们提出任何要求。然而，我们毕竟还是知道，这种相对主义不可能是最终的故

10

事。我们确实在相互争论应该做什么、事实是什么，但是在哲学上和文化上，我们感到难以认可我们对于共同世界的朴素接受，难以承认我们有能力揭示和传达这个共同世界是什么。对意向性的否认也有它的相关项，就是否认心灵趋向真理。

　　塞缪尔·贝克特的小说《墨菲》生动地描述了这种自我中心困境。大约在这本小说的三分之一处，在第六章，贝克特中断他的叙述，开始着手对"'墨菲的心灵'这个说法进行辩护"。他说他不会试图去描述"这个器官实际上是怎样的"，而仅仅是描述"它把自己感受和描画成什么"。我们发现，贝克特描绘的正是我们再也熟悉不过的那种意象："墨菲的心灵把自身描画成一个巨大的空心球，对外部宇宙严密封闭。"这边是心灵，有它自己的"内心世界"，那边是外面，是"心外世界"，两者彼此隔离。但是，心灵并不因为受到这样的禁锢而枯竭；相反，外部宇宙的一切都能够被再现于心灵里面，而且在贝克特看来，这些再现"或者是虚拟的或者是实际的，或者是虚拟的正在上升到实际，或者是实际的正在下降到虚拟"。心灵的这些部分都互相区别："心灵感到它的实际部分是在上面，是明亮的，而它的虚拟部分则是在下面，隐没于黑暗。"

　　这个心灵不仅同宇宙或实在世界形成鲜明对照，而且也和墨菲的其他部分，即身体形成鲜明对照："因此墨菲感到他自己被分成两个，一个是身体，另一个是心灵。"身体和心灵之间不知道用什么方式进行互动："显然，它们有过交流，否则墨菲不可能知道它们有什么共同之处。但是，尽管他感觉到他的心灵与身体密切联系，他还是无法理解这种交流是通过什么渠道进行的，也不知道两种经验是如何发生交叠的。"心灵与身体的隔离必然伴随着心灵与世界的隔离："他被分裂开了，一部分的他从来没有离开过这间心灵的密室（这密室把自己描画成充满光明的球体，四周则是黑暗），因为没有任何出口。"身体如何可能影响心灵，或者心灵如何可能影响身体，这对于墨菲来说仍然是完全神秘的事情："这两个全然陌生的东西之间搞过类似于串通的事情，至于如何进行串通，这对墨菲来说仍然像心灵遥感或者蓄电的莱顿瓶一样不可理解，而且墨菲对它也没有什么兴趣。"①

　　贝克特描绘的这种笛卡尔式困境——心灵被看作这样一个巨大的空心球，充满光明却隐没于黑暗，与身体和世界相隔绝——就是哲学在我们这个时代的不幸境遇。哲学必须在这种文化境遇和人的自我理解之内开始它的思考。我们很多人并不知道怎样避开贝克特笔下的墨菲所选择的理解心灵的方式。这种认识论上的两难正是意向性学说要克服的目标。

心灵的公开性

　　因此，把意向性置于前台并使之成为哲学反思的中心，这根本不是多此一举。宣布意识是"关于对象的意识"，这也并非微不足道的事情；相反，这个声明违背了许多常见的信念。现象学做出的一项最为重大的贡献，就是突破了自我中心困境，击败了笛卡尔主义的教条。现象学表明，心灵是公开的事物，它公开地活动并把自己表现在外，而不是局限于它自己的范围之内。一切都是外在的。"内心世界"概念和"心外世界"概念是不融贯的，它们都是以斯拉·庞德所谓的"观念-梗塞（idea-clots）"的实例。心灵和世界彼此关联。事物的确向我们显现，事物确实被揭示，而我们呢，也

①　塞缪尔·贝克特：《墨菲》（*Murphy*）（纽约：格鲁夫·维登费尔德，1957年）。出版社许可在此重印。

的确向自己和他人展现事物的存在方式。如果考虑到现象学在其中产生的文化背景，也就是我们仍然在其中生活的文化背景，那么就会看到，对意向性的关注并不是没有重大的哲学价值。通过探讨意向性，现象学帮助我们重申思维、推理和知觉的公开含义。它有助于我们重新承担人作为真理执行者的身份。

除了把我们的注意力引向意识的意向性，现象学还揭示和描述意向性之中的不同结构。如果用笛卡尔或洛克的方式来理解心灵，心灵就被看作是诸多观念所环绕的封闭空间，这时候，"意识"一词通常都被认为完全是单义的。在意识范围内没有任何结构上的差异，只有纯粹的觉察。我们先是注意到我们产生的无论什么印象，然后把这些印象排列成判断和命题，试图宣布"外面"存在有什么。但是对于现象学来说，意向性是高度差异化的，存在着不同种类的意向，它们与不同种类的对象相关联。例如，我们在观看平常的物质对象的时候实行的是知觉性意向活动，但是在观看一张照片或一幅油画的时候，就必须实行图像性意向活动。我们必须改变我们的意向性；把某物看作一张图像，不同于把某物看作一个简单对象。图像与图像性意向活动相关联，而知觉对象与知觉性意向活动相关联。同样，当我们把某物看作是语词，就有另外一种意向活动在起作用；当我们回忆某事，又有另一种意向活动；当我们进行判断或者把事物聚集成组群的时候，起作用的又是其他的意向活动。所有这些以及很多其他种类的意向活动都需要得到描述，需要彼此区分。而且，各种形式的意向活动可能会相互交织：把某物看成一幅图像，这包括（作为基础）我们也把它当作一个被知觉到的事物。图像性意识的层次覆盖在知觉性意识的层次上，就像我们看到的图画覆盖在一张画布或画纸上，而后者也可以被简单地看作是一件有色彩的东西。

我们还能区分出其他种类的意向性，例如在我们思考过去的时候所发生的那些意向性。比方说，考古学家发现一些盆盆罐罐、灰烬和衣物的碎片，开始谈论七百年以前生活在某个特定场所的人群，这时候他们实行的是什么类型的意向活动呢？这些对象，这些盆罐和灰烬，如何把古代人呈现给我们？我们必须怎样“对待”它们，以便于它们发挥这种呈现作用？与我们发现和解释像化石这样的东西相关联的意向属于何种意向？我们谈论质子、中子和夸克的时候，又是何种意向在起作用？它们不是在我们看到图像或旗帜的时候起作用的意向，也不是我们观看植物或动物之类的事物的时候起作用的意向；与粒子物理学有关的一些两难之所以会出现，就是因为我们假定我们意向亚原子存在体的方式与我们意向撞球的方式是同一种方式。对所有这些意向性进行归类和区分，同时对这些意向所关联的特定种类的对象进行归类和区分，这就是那种被称作现象学的哲学所做的工作。诸如此类的描述有助于我们理解人类的全部认识形式，也有助于理解我们能够与我们在其中生活的世界相联系的多种方式。

“现象学”（phenomenology）一词是由希腊词语 phainomenon（现象）和 logos（逻各斯）构成的复合词。它意指这种活动，即对各种现象以及事物的各种显现方式给出说明，给出其逻各斯。例如，我们用“现象”（phenomena）这个词来表示与简单对象相对的图像，与预期的事件相对的回忆的事件，与知觉的对象相对的想象的对象，与有生命的事物相对的诸如三角形和集合等数学对象，与化石相对的语词，与非人类的动物相对的他人，与经济相对的政治实在。所有这些现象都可以得到探讨，只要我们认识到意识是“关于”某事物的意识，意识并没有被禁锢在它自己的幽室里。与笛卡尔、霍布斯和洛克的知识哲学具有的狭隘限制相比，现象学就是解

14　　放。它使我们跨出门外，而且恢复以前的哲学——它们把我们禁锢于自我中心困境——所失落的世界。

　　现象学承认现象即显现的事物的真理和实在性。实际情况并不是像笛卡尔传统试图使我们相信的那样，"是一幅图像"或者"是一个被知觉到的对象"或者"是一个象征"，都只不过存在于我们的心灵之中。它们都是事物可能存在的方式。事物显现的方式是事物存在方式的一部分；事物如其存在那般显现，而且它们如其显现那般存在。事物不仅实存；它们也如其所是地表现它们自己。动物有它们不同于植物的显现方式，因为动物和植物在存在方式上不同。图像的显现方式不同于被回忆的对象的显现方式，也是因为它们的存在方式不同。一幅图像在那儿，在画布或者画板上；行礼在那儿，在行礼者和受礼者之间移动的手臂上。一个事实存在于该事实的各个组成部分所在之处："草地是湿的"这个事实实存于湿草地，而非实存于我在说出这些语词之时的心灵里。我的心灵活动就是把"草地是湿的"呈现给我自己和他人。在做出判断的时候，我们把世界的诸多部分的呈现加以联结；我们并非只是在排列我们心灵之中的观念和概念。

　　或许有人会反对说："错觉和错误又怎么样呢？有时候事物并不是如同它们看上去的那个样子。我可能认为我看到了一个人，然而结果表明它只是一丛灌木；我可能认为我看见了一把短剑，可是事实上那里什么也没有。很明显，那个人和那把短剑仅仅存在于我的心灵之中，这难道不是表明一切都在心灵之中吗？"——根本不是。问题的关键就在于，事物可能看起来像其他的东西，而且有时候也会出现这样的情况：我们实际上并没有在进行知觉的时候，却有可能似乎是在知觉。几年以前的一个冬天傍晚，我驾车驶向车库，看见车道上有一些"碎玻璃"。我想一定是有人在那里打碎了一个玻璃瓶子。我把车停靠在附近的路上，打算第二天早上回来清理车道。第二天我回来的时候，只发现几摊水和一些碎冰块：我先前当作玻璃而"看到"的东西实际上只是冰块。在这次经验中，我原来看到的景象和后来的更正都不是在我心灵的幽室里制造出来的；实际情况并不是我单单变换了我的印象和概念，也不是我编排了一个新假说来说明我曾经持有的观念。相反，我是以不同的方式与世界发生联系，而这些联系的基础则是这个事实，即冰块在某些情况下可能看起来像玻璃。所有这一切，包括"玻璃"和冰块在内，都是公开的。错误是某种公开的东西，遮蔽和伪装也都是如此；所有这些都是种种现象，一个事物在其中被误认作另一个事物。错误、遮蔽和伪装在它们自己的方式上都是实在的；它们都是存在的诸多可能性，需要得到与它们自己相应的分析。甚至错觉也有一种完全属于它们自己的实在性。在幻觉产生的时候所发生的事情是，我们实际上正在想象，却以为我们在知觉，而且这种错乱只有寄生在真正的知觉和想象上才能够发生。要产生幻觉，我们就必须已经进入意向或者指向事物的游戏。如果没有觉察到知觉和做梦之间的差别的话，我们就不会产生幻觉。

现象学通过它关于意识的意向性学说所要达到的目的，就是克服笛卡尔和洛克的偏见，这种偏见反对心灵的公开性，也反对事物的显象所具有的实在性。对现象学来说，不存在任何"单纯的"显象，没有任何东西"仅仅"是显象。显象都是实在的；它们属于存在。事物的确显现出来。现象学使我们得以辨识和恢复那个似乎已经失去的世界——我们被哲学上的混淆禁锢在自己的内心世界的时候所失去的世界。一直被断言仅仅是心理学上的东西，现在则发现是存在论上的，是事物的存在的一个部分。图像、语词、象征、被知觉的对象、事态、他人的心灵、法律和社会习俗都得到承认；它

15

们都真实地在那里存在，分享着存在，并且能够按照它们自己专有的方式而显现。

　　然而，现象学的工作不仅仅是恢复曾经失去的东西。它的这一部分工作有些消极，而且是引发争论的，依赖于某种错误来表现它自己的价值。除了这种反驳性的工作之外，现象学还给那些希望享受哲学乐趣的人们提供了哲学的愉悦。关于事物表现其自身的方式、关于我们能够成真的能力以及我们让事物显现的能力，都还有许多问题值得思考。各种呈现与缺席非常复杂地相互交织，而现象学则有助于我们对它们进行探讨。它不只是清除怀疑论的障碍；它还为理解差异、同一性以及形式等经典的哲学话题提供了可能性。它是沉思的和理论性的。它确认哲学生活是一项达到顶点的人类成就。现象学不仅医治我们理智上的困厄，它还为那些希望实践哲学探索的人开启了大门。

第二章
意识经验的一个范例：对一个立方体的知觉

我们用一个简单的例子来演示现象学关于意识的描述性分析。 17
这个例子不仅会让我们对现象学提供的那种哲学说明有所了解，还会为后面要进行的更加复杂的分析充当模型。

侧面（side）、视角面（aspect）和外形（profile）

考虑一下我们知觉某个物质对象的方式，例如知觉一个立方体。我从一个角度、一个视角来看这个立方体。我不可能一次从所有侧面来看这个立方体。在对于一个立方体的经验中，知觉是局部性的，在任何时刻只有对象的一个部分被直接给予，这一点对于有关立方体的经验来说是必不可少的。然而，实际情况并不是我仅仅经验到我在当下的视点上可以看到的侧面。当我在看这些侧面的时候，我也在意向、共同意向着（cointend）那些隐蔽的侧面。我所看到的比直接进入我眼帘的东西要多。当下可见的侧面被那些潜在可见但实际缺席的侧面组成的晕圈（halo）包围着。这些其他的侧面也被给予了，却恰恰是作为缺席的而被给予。它们也是我所经验的东西的一部分。

让我们从其客观和主观的维度来表述这种结构。在客观方面，当我在看一个立方体时，被给予我的东西是个混合物，它由在场的侧面和不在场的但是被共同意向的侧面所组成。正在被观看的东西包含在场者与缺席者的混合。在主观方面，我的知觉，我的观看活动，是由充实的意向和空虚的意向所构成的混合物；因此，我的知觉活动也是混合体，其中一些部分意向在场者，其他部分则意向缺席者，即立方体的"其他侧面"。

18　　当然，"人人都知道"知觉包含着这样的混合，但是并非人人都知道它们的哲学影响和哲学范围。所有的经验都包含着在场与缺席的混合，而且，在有些情况下，如果把我们的注意力转向这种混合的话，可能在哲学上会有所启发。例如，当我们听一位说话者说出一句话，我们的倾听涉及这句话的一个部分的在场，它的前后伴随着已经说出和将要说出的那些部分的缺席。这句话本身，作为一个整体，在沉寂和噪声以及先行和后继的或者与之伴随的句子组成的背景上突出出来。在我们对于一句话的经验中所存在的缺席与在场的混合，不同于有关立方体的知觉中涉及的在场与缺席的混合，但是它们都有在场与缺席的混合，都有充实意向和空虚意向的混合。其他类型的对象也会有其他类型的混合，但它们都会是在场与缺席的混合。

　　让我们返回到对于立方体的经验。在某个特定时刻，只有立方体的某些侧面被呈现给我，其他侧面都是缺席的。但是我知道我可以围绕立方体走一圈，或者把立方体拿来转一圈，随着在场的侧面走出视野，缺席的侧面将会进入视野。我的知觉是动态的而不是静态的；即使我只盯着立方体的一个侧面，我双眼的扫视也在引导着一种我自己甚至没有觉察到的搜寻活动。当我转动立方体或者围绕它行走的时候，潜在知觉到的东西就转变成实际知觉到的东西，原来实际知觉到的东西则悄悄滑入缺席状态；它变成曾经被看到的东西，成为只是潜在地被再次看到的东西。而在主观方面，空虚的意向变成了充实的意向，充实的意向则变成空虚的意向。

此外，其他的知觉样态（modality）也参与到活动中来。我不仅能够观看立方体，还能够触摸它。我可以敲敲它，看看它会发出什么声音，我可以尝尝它的味道（对婴儿来说，嘴巴是首要的触觉器官），我甚至还可以用鼻子闻闻它，看看它是用什么做的。这些都是潜在的呈现，与我对立方体的任何呈现相伴而来，它们可以被激活并被带入直接的在场。甚至在立方体只是被给予我的观看的时候，所有这些潜在的呈现也都围绕着它。不过有趣的是，我们注意到只有视觉和触觉才把这个对象呈现为立方体；听觉、味觉和嗅觉则呈现制成立方体的材料，而不是呈现它作为一个立方体的形状特征。

让我们更加精确地阐明关于立方体的视觉经验。我们可以在被呈现给我们的东西那里区分出三个层次。（1）首先是立方体的**侧面**，共有六个侧面。每个侧面本身可以在不同的视角下被给予。如果我让一个侧面正对着我，那么它就被呈现为一个正方形，但是如果把它稍微向后倾斜，这个侧面就变成倾斜着被给予，于是它看起来更像是一个梯形。稍远的两个夹角之间的距离比稍近的两个夹角之间的距离显得要窄一些。要是我把立方体再往后倾斜的话，这个侧面就几乎变得像一条线段。最后，如果再倾斜一点儿，这个侧面就会从视野中消失。换句话说，一个侧面可以按照不同的方式被给予，正如这个立方体可以在不同的侧面上被给予。（2）让我们把侧面的每一个被给予方式称作**视角面**，当一个侧面正对着我们的时候，它拥有一个正方形的视角面，但是当它成一定角度倾斜地对着我们，它就拥有一个梯形的视角面。如同一个立方体以多个侧面向我们显现，每一个侧面也能够以多个视角面向我们显现，而这些视角面也可以过渡为立方体的视角面。不过我们还可以再进一步。

（3）我可以在某个特定时刻观看一个特殊的视角面；我可以把眼睛闭上一分钟，然后再睁开。如果我没有移动，我就会让同一个视角面再次被给予我。这个视角面本身可以通过时间上不同的多样显象而作为同一性被给予。让我们把这些瞬间的视图（view）称作这个视角面的**外形**；它也可以过渡为侧面的外形和立方体的外形。外形是对象在时间上被个体化的呈现。英语中的"profile"（"外形"）一词是对德语词"Abschattung"的翻译，后者可以意指"外形"或者"略图"（sketch）。因此最终说来，立方体是在外形的多样性中被给予的。

让我们换个例子，从对于立方体的知觉转变到对于一幢建筑物的知觉。我观看建筑物的正面。我从正中偏左一些的观察点来看这个侧面：在此刻，我看到建筑物正面的一个特殊视角面。假如我对你说："这幢建筑的这个景象非常有魅力，请过来从这边观看。"我从这个观察点走开，让你走到这个观察点，于是你看到我刚才看到的同样的视角面，然而你经验到的外形不同于我经验过的外形，因为外形都是瞬间的呈现，不是能够被许多观察者看到的外观、视图或者视角面。当然，视角面、侧面以及建筑物本身都是主体间性的，外形却是私人的和主观的。外形甚至可能依赖于我当时的心情以及我的感官状态：如果我在生病或者头昏目眩，外形就可能会是恍惚的或者灰暗的，而不是稳定的或者蓝色的。外形具有相对性和主体性特征，但是这并不意味着视角面、侧面或者通过它们而被给予的事物也都在同样的方式上是相对的和主观的。

对象本身的同一性

因此，知觉涉及综合的多个层面，涉及实际和潜在的多样呈

现的诸多层面。不过，我们现在必须让一个重要的新维度开始发生
作用。当我观看立方体的不同侧面，当我从不同的角度并且通过不
同的外形而经验到不同的视角面，我把所有这些多样性都知觉为属
于同一个立方体，这一点对于我的这个经验来说是必不可少的。侧
面、视角面和外形都被呈现给我，但是就在所有这些呈现者那里，
同一个立方体正在被呈现。我所经验的这些不同的层面，都是在一
个同一性的背景上被展现出来的，而这个同一性则是在这些层面之
中并通过这些层面而被持续给予的。

然而有人会认为，立方体就是它的全部外形的总和。这种观点
是错误的。立方体的同一性所属的维度不同于侧面、视角面和外形
的维度。同一性不同于它所呈现的显象。同一性永远不会作为一个
侧面、一个视角面或者一个外形而显现出来，但它依然作为所有这
些侧面、视角面和外形之中的同一性而被呈现给我们。我们可以意
向在其同一性中的立方体，而不仅仅是在其侧面、视角面和外形之
中的立方体。当我绕着立方体走动，或者用手转动立方体，外形的
连续流就由于是"属于"这个单个的立方体而被统一起来。当我们
说"这个立方体"被呈现给我们的时候，我们的意思是说它的同一
性被给予我们。

在这一点上，我们看到意识的意向性所具有的更为深刻的维
度，比第一章探讨的那些维度更为深刻。意识在这个意义上是"关
于"某事物的意识，即它意向着对象的同一性，而不只是意向那些
被呈现给它的一连串显象。当我们考察从知觉到理智活动的转变，
当一个知觉对象成为某个事实或事态的一部分，这时候，对象的同
一性问题就会变得重要起来。不过，即使只是作为知觉的一个成
分（constituent），对象的同一性也是重要的。在知觉一个对象的时
候，我们不只是拥有一连串外形、一系列印象；在这些外形和印象

之中，并且通过这些外形和印象，我们获得被给予我们的同一个对象，而这个对象的同一性也就被意向和给予。所有的外形和视角面以及所有的显象，都被领会成属于同一个事物的存在。同一性属于在经验中被给予的东西，对同一性的辨识属于经验的意向性结构。顺便讲一下，我们也应该注意的是，这种同一性本身既能够以在场状态而被意向，也能够在缺席状态上被意向，我们也有可能在意向它的时候产生错误。

这种关于侧面、视角面和外形的分析，有助于确证同笛卡尔和洛克的知识哲学形成鲜明对照的现象学的实在论。笛卡尔和洛克的知识哲学认为，我们直接觉察到的一切，都是打动我们感性的各种印象；我们被封闭在我们的观念圈子之内。然而，一旦我们承认存在着与视角面相区别的外形，以及与侧面相区别的视角面，我们就会发现完全没有可能按照那些在心灵之内的简单印象和观念来说明这样的结构。如果一切都完全是内在于我们的，那么我们使之被给予我们的东西都会是外形：色彩的闪烁和声音的片段，而对象必须从这些外形中被建构出来。我们永远没有办法区分外形、视角面和侧面。相反，侧面、视角面与外形之间的区别更加明显地表明，事物的表面和外观"在外"为我们存在着，我们可以去感知它们；它们并不是用那些打动我们感性的印象编造出来的。同一个人或者不同的几个人，能够在不同的时间看到同样的侧面或者视角面，它们不可能仅仅是一种私下里激发着每个主体性的印象。而且，在侧面、视角面和外形的"背后"或者在"其中"，还存在着对象本身的单一性（oneness），也就是被给予我们的同一性。这种同一性是公开的，对所有人来说都是可以得到的，它并不是我们投射到显象之中的某种东西。

在这里我们利用了对于一个物质对象即立方体的知觉来充当现

象学的意向性分析的初步范例。其他种类的对象涉及其他复杂的呈现形式。在继续走向对于这些对象及其相应的意向性的分析之前，让我们先来考察几个在现象学那里扮演着重要角色的形式结构。

第三章
现象学中的三个形式结构

　　有三个形式结构不断出现在现象学实行的分析中。如果我们意识到这些形式，就会更容易理解某一段落在讲述什么，以及某个特殊主题是如何发展的。这三种形式是：（a）**部分与整体**的结构，（b）**多样性中的同一性**结构，以及（c）**在场与缺席**的结构。这三种形式结构彼此关联，但是不能彼此还原。前两种结构是以前的许多哲学家已经充分探讨过的主题；例如，亚里士多德的《形而上学》对整体与部分的关系多有论述，柏拉图和新柏拉图主义的思想家，也包括经院哲学家，都探讨过差异性中的同一性观念，也就是"多中的一"的观念。

　　不过，以前的哲学家没有明确而系统地研究过有关"在场与缺席"的主题。这个议题是在胡塞尔和现象学那里首创的。"在场和缺席"可以按照诸多值得注意的方式被混合起来，而对于这些混合的探讨可以成为哲学中的一个有价值的主题。我相信现象学充分研究了这个新的哲学维度，正是因为它在努力消解现代思想的各种认识论问题，打破笛卡尔发动的自我中心困境。通过回应哲学的混淆，现象学取得了具有肯定意义的进展，如同柏拉图回应智者派的怀疑论挑战从而形成自己对于统一性和形式的理解。

　　按照它们在现象学中的发展，我们来逐个考察这三种形式结构。

部分与整体

　　整体可以被分析成两种不同的部分：实体性部分和要素。[1] **实体性部分**是能够离开整体而持存并且被呈现的部分；它们能够与其 23
整体相分离。因此它们也可以被叫作**独立的**部分。

　　实体性部分的实例有树叶和果实，它们可以从其生长的树木上分离并仍然呈现为独立的存在体。甚至一棵树的树枝也是一个独立的部分，因为能够把它从树上分离出去；当树枝从树上分离出去以后，它就不再作为活着的枝条发挥作用，而是变成了一根死木头，但它仍然可以作为一个独立的事物实存和被感知。同样，机器的零件、剧团的一位演员、连队的一名士兵，都是在其各自的整体之内的实体性部分。这样的事物在事实上的确属于比它们更大的整体（机器、剧团和连队），但它们也能够离开那个整体而自身存在和自身呈现。当它们被如此分离以后，实体性部分自身成为整体而不再是部分。因此，实体性部分就是那些能够成为整体的部分。

　　要素是不能够离开它们所依属的整体而持存或者被呈现的部分；它们不能与其整体分离。要素是**非独立的**部分。

　　要素的实例有红色（或者任何其他颜色），红色不可能脱离某个表面或者空间延展之物而存在；还有音乐的音调，它只有同声音相混合的时候才能够实存；还有视觉，视觉的产生不能不依赖眼睛。这样的部分都是非独立的，无法凭借自身而存在或者呈现。一根树枝可以从一棵树上被砍下来，但是音调无法与声音分离开，视觉也无法游离开眼睛。要素只有同其他要素相混合才能存在。要素

---

① 作者在这里使用的术语分别是 piece 和 moment，前者的一般意义是"片段"，我们根据作者的意思将其意译为"实体性部分"；后者指的是"属性部分"，我们将其译为"要素"。——译注

就是这种不能成为整体的部分。

可以在物理学区分的各种量纲（dimension）那里找到有关要素或者非独立部分的恰当例子。在机械学中，一个运动的物体拥有质量、速度、动量和加速度等要素，而质量与加速度转而又和力有着根本性的联系。在电磁学理论中，一股电流拥有按照安培来度量的每个单位时间的电荷量纲，而这个量纲又转而和电压（伏特）、电阻（欧姆）与电能（瓦特）相联系。所有这些量纲都是非独立的：不可能存在没有质量和速度的动量，不可能存在没有质量和力的加速度，也不可能存在没有电压的电流。

某个特殊的物项（item）可能在一个方面是一个实体性部分，

24　而在另外一个方面则是一个要素。例如，一颗橡树果子可以和生长它的橡树分开，但是作为一个知觉对象，它不可能脱离开背景；橡树果子要被知觉到的话，就必须在这样或者那样的背景衬托下被看到。

要素被混合到它们的整体之中的方式存在着一定的必然性。有些要素奠基于其他要素，因此就出现了**被奠基**部分与**奠基**部分的差别。色调奠基于颜色，反过来说，颜色为色调奠基，或者说是色调的基底（substrate）。视觉奠基于眼睛，眼睛奠基或维系着视觉。进而言之，有可能存在着几个层次的奠基：明暗奠基于色调，色调反过来又奠基于颜色。在这种情况下，明暗只是通过色调而间接地奠基于颜色，而色调则直接地奠基于颜色。不过，音调和音质都直接奠基于声音。

让我们再增加另外一个术语来精确地表达：一个整体可以被称作一个**具体物**（concretum），也就是某种能够作为具体的个体而实存和呈现以及被经验的事物。一个实体性部分，即一个独立的部分，是自身能够成为一个具体物的部分。然而，要素不能成为具体物，无论它们在何时实存，无论在何时被经验到，它们都拖带着它们的其他要素；它们只是与其补充部分相混合的时候才实存。

但是，我们可以就要素本身来思考和谈论要素：我们可以不用提及声音而谈论音调，可以不用提及颜色而谈论色调，也可以不用提及眼睛而谈论视觉。当我们单单就要素本身来考察要素的时候，它们就是**抽象物**（abstracta），正在被抽象地思考。我们有可能谈论这样的抽象部分，我们有可能抽象地谈论，这是因为我们能够使用语言；正是语言使我们能够处理那些与其必要的补充即其他要素及与其整体相脱离的要素。但是有一种危险伴随着这种抽象能力一起出现：因为我们可以指涉就其自身来说的某个要素，而不用提及与之联系的其他要素，于是我们就可能开始认为这个要素能够独立实存，认为它能够成为具体物。比如说，我们有可能开始认为视觉似乎可以脱离开眼睛而独立存在。

在哲学的分析中，实体性部分与要素的区分是至关重要的。在哲学中常常发生这样的情况，即某事物是个要素，却被当作实体性部分，被认为可以从其所属的整体和其他部分那里分离出来；于是一个人为的哲学"问题"就出现了，这就是追问原初的整体如何能够被重新构成。对于这种问题的真正解决，并不是设计出某种新的方法，以便用来把这些被错误分割的部分构建成整体，而是要表明正在谈论的部分是要素，不是实体性部分，首先绝不应该把它与整体分离。许多哲学论证只不过是这样的复杂尝试，即努力表明某事物是一个非独立部分而不是独立的部分，是一个要素而不是一个实体性部分。

例如，这种人为的问题在有关心灵及其对象的问题上就出现过。如同我们在第一章看到的那样，人们常常会把心灵当作一个自我封闭的领域，也就是说，当作一个实体性部分，能够从其自然地而且是本质上所属的世界背景那里分离开。然后人们会问，心灵如何能够来到它自己的外面，如何能够弄清楚世界上正在发生什么事情。但是心灵不可能以这种方式被分离出来；心灵是世界和世上万物的一个要素；心灵本质上与它的对象相关联。心灵本质上是意向性的。不存在任何"关于知识的问题"或者"关于外部世界的问题"，不存在任何有关我们如何达到"心外的"实在性的问题，因为从一开始就绝不应该把心灵与实在分离。心灵和存在互为要素；它们不是能够从其所属的整体中被分割出来的实体性部分。同样，人们常常把心灵与大脑和身体分离，好像心灵是一个实体性部分，而不是奠基于大脑和身体的一个要素；"心灵-大脑"问题也可以被看成把部分与整体混淆不清的一个例子。

在我们关于对一个立方体的知觉的分析中，可以找到部分与整体的逻辑的又一个例子。外形、视角面、侧面，以及立方体本身的同一性，都是在对象的呈现之中的彼此相关的要素。除非通过视角面，否则我们无法拥有侧面的呈现；反过来，视角面只有通过外形而被呈现。除非通过多样的侧面、视角面和外形，否则的话，作为同一性的立方体本身就无法向知觉呈现。想要获得独立自存的立方体，不是被奠基于它的呈现的多样性基础上的立方体，也就是要寻找实体性部分而不是要素，这种做法实际上是一种误置具体性的谬误。

总是存在着这样的危险：我们可能会把不可分离的东西分离，26 可能会把抽象物弄成具体物，因为在我们的言语中，我们可以谈论一个要素而不用提及它的奠基者。例如，我们能够谈论"三角形"，过一段时间之后，我们就会开始认为在某处有一个脱离开具体的三角形而实存的三角形。一旦允许这样的情况发生，我们就把要素弄成实体性部分，把抽象物变成具体物，而且我们就会开始追问，究竟如何能够遇上这个实体性部分，它如何能够向我们呈现。言语的抽象性误导我们认为我们谈论的事物可以具体地向我们呈现。在应该进行区分的地方，我们却引入了分离。

实体性部分和要素之间的巨大反差在我们向现象学的导引中有着很大的帮助。许多似乎是很复杂的问题，一旦按照在它们那里起作用的部分所属的种类来表述的话，这些问题就变得简单了。哲学分析通常就在于把那些组合成某个特定整体的各种要素都展示出来。例如，对于视觉的哲学分析，就在于表明视觉如何奠基于眼睛以及如何奠基于身体的运动（奠基于眼睛的扫视运动，奠基于头部的转动能力，奠基于整个身体能够从这里到那里、从一个视点到另一个视点的移动能力），观看与被看到的东西如何都是一个整体之中的要素，观看如何以其他感觉样态诸如触觉、听觉和动觉（kinesthesia）为条件。哲学分析将会帮助我们避免自己常犯的错误，也就是把要素变成实体性部分，比如我们试图把视觉与眼睛的运动分离的时候就犯了这种错误。

甚至关于人类灵魂的问题，或者关于任何有生命事物的灵魂的问题，也能够借助部分与整体的分析而得到澄清。灵魂是个要素；它与身体之间存在着本质的联系，奠基于由它予以生机并且加以决定的身体上，而且它在身体那里得以表达。人都是活生生的身体，而不是物质化的精神。但是灵魂常常被歪曲地表现，被转变成实体性部分，被转变成可以离开它的有机基础而实存、呈现和理解的某种生命力或者某种事物，甚至被转变成某种能够先于其身体而实存的事物。当然，灵魂是与活生生的身体相关的一个要素，其方式不同于色调与颜色相关而成为要素的方式。不过，要澄清灵魂的本性，第一个步骤就是要表明它不是某种可以分离的事物，不能脱离开它与身体的联系而得到理解。

27　　　　在要素即非独立的部分被安置于整体的方式上存在着必然性。某些要素是其他要素的中介，其他要素只有通过它们才加入整体：在对立方体的知觉中，视角面是外形和侧面之间的中介，而侧面又是视角面和立方体本身之间的中介（外形并不呈现立方体本身，它只是呈现立方体的视角面和侧面，因而间接地呈现立方体）。把要素的这些阵容都展示出来，有助于理解整体。可是经常发生这些情况：我们联结一个整体的某些部分却忽视其他的部分；或者，我们力图把要素分离出来，把挑出来的要素当作实体性部分；或者，我们把一个要素看成是和另一个要素完全一样的，也就是说，我们没有继续进行区分。比方说，我们可能会把人类关系整体之中的政治和经济混淆起来，或者我们可能会认为经济就是这个整体，而实际上它只是一个要素。例如，马克思就把经济抬高成社会关系的整体，而霍布斯则把契约关系抬高为社会整体，事实上契约关系仅仅是社会整体的一个部分。厘清部分与整体的关系，对于哲学和人类的理解来说至关重要。

　　　　每当我们思考某事物的时候，我们都是在联结该事物的部分和整体。只要我们超出简单的感性和无声的知觉，部分和整体就构成了我们所思考的东西的内容。对部分进行命名乃是思想的本质，而且，当我们试图按照哲学的方式去理解什么是理解的时候，重要的事情就是去弄清实体性部分和要素之间的差别。

在多样性之中的同一性

　　　　在考察对于立方体的知觉的时候，我们已经遇到过有关多样性中的同一性的主题：作为同一性的立方体被表明截然不同于它的侧面、视角面和外形，但是它通过这些侧面、视角面和外形而被呈现。我们现在可以表明这种呈现形式的范围如何广泛，并且阐明它的一些哲学含义。我们已经看到，这种结构在对于所有物质对象的知觉中发挥着作用，不过，任何能够被呈现给我们的事物那里都有这种结构的作用。首先让我们考察一下它在意义通过语言而呈现的过程中怎样实现其功能。

当我们想要表达什么的时候，我们总是能够区别表达项和被表达的东西即被表达项。如果我说："雪覆盖了街道"，"街道被雪覆 28 盖了"，以及 "Die Strass ist verschneit"（德语"街道被雪覆盖"），那么，我就是说出了三个不同的表达项，但是我可以认为它们都表达同一个意义或者被表达项，即同一项事实或者同一条信息。这三个表达项就像同一个对象的三个视角面，只不过这里的对象是复杂的，它的存在状况不同于立方体的存在状况。如果用不同的方式说出我的语句，我还可以进一步增加多样性：大声喊一遍，再小声嘀咕一遍，然后高声说一遍，如此等等。这些都是呈现同一个语句的不同方式，然而所有这些言说方式和语句（还有很多可能的其他方式和语句）都呈现同一个意义，呈现同一个事实。

要点在于，同样的事实可以用多样的方式来表达，而且事实不同于它的任何表达。正如立方体所属的维度不同于侧面、视角面和外形的维度，意义或事实所属的维度也不同于多样的表达项和言说方式所属的维度，尽管意义或事实是通过后者而被给予的。因此，把意义或者事实当作某种心理语句，当作我们公开说出的各种表达的幽灵般的对应物，这将会是误导的；这样的做法属于常见的哲学错误，即误置具体性，其错误就在于把要素当成实体性部分。意义正是居于它的所有表达项之中但又在它们背后的同一性。我们还应该注意，同样的意义能够通过许多其他尚未说出而且多半也不会说出的语句和表达项（还可以用其他的语言，用手语、身体姿态和其他的象征）来呈现，如同立方体就是那个可以通过我们尚未激活的外形而被知觉到的同一性。潜在和缺席构成的视域环绕着事物的实际在场方面。事物总是能够以多于我们已知的方式来呈现；事物总是保留着更多的显象。

我们可以举出多样性中的同一性的另外一个例子，一个重要的历史事件，例如第二次世界大战中的诺曼底登陆。这个事件曾经被战役的参与者以某种方式所经历，这些参与者回忆战役的时候是以另外的方式经历它，在报纸上阅读这场战役报道的人们又是以另外的方式经历，再后来，描写这场战役的作家及其读者以另外的方式经历，在诺曼底海滩参加纪念仪式的人以另外的方式经历，观看根据实际事件拍摄的纪录片的观众以另外的方式经历，观看反映该战役的电影和电视剧的观众又是以另外的方式经历。同一个历史事件也被诺曼底登陆计划的制定者所参与，另一方面，计划抵抗诺曼底登陆的人也是该事件的参与者。毋庸置疑，还存在着其他方式可以使同一个事件被意向和呈现，而且该事件的同一性在所有这些方式之中都是持续不变的。

让我们转向审美对象。同样的一个戏剧，例如《马尔菲公爵夫人》（*The Duchess of Malfi*），以各种各样的诠释方式在舞台上和文本里同观众与读者见面，它以这些方式被呈现，并且，当约翰·韦伯斯特（John Webster）创作剧本的时候，该剧也向他呈现。同样的一首交响乐，例如莫扎特的"哈夫纳尔"交响曲，就是在其所有的演奏中被呈现给听众的。布鲁诺·瓦尔特（Bruno Walter）对这部作品的诠释不同于克劳斯·滕斯特德（Klaus Tennstedt）的诠释，该作品在20世纪早期的一般诠释方式也的确不同于20世纪晚期的一般诠释，但所有这些诠释都是对同一首交响乐的诠释。有趣的是，一段音乐的录音不同于一场现场演出，因为录音只是录下了一场演出，而每一次现场演出都不同于所有其他的现场演出。如果我把同一段录音听两次，那么这两次我听到的不只是同一首交响乐，而且还都是同一场演出，可是我的每一次聆听都会不同：乐曲的某些维度而非其他维度会引起注意，我的心境可能有所不同，天气状况可能晴朗也可能阴郁。录音录制的只是一场演出，就好像电影拍摄到的只是立体的一个视角面，只让我看到立方体本身的那个特殊表现。

当我们从需要表演的艺术转到不需要表演的艺术，就可以进一步发现同一性和多样性之结构上的差异。一幅油画不是由任何类似于乐队演奏的事情来制成的；它是在观看而不是在演出的时候直接呈现的。在观看者和油画作品之间不需要有任何表演者，相反，音乐作品和听众之间必须有音乐家来演奏作品。但是，同样的一幅油画可以在某个时刻被观看，在另一个时刻被回忆，可以写下对这幅油画的分析，也可以临摹它，制作它的"复制品"。油画如何对艺术家显现同它如何对观众显现之间是有差别的，同样，艺术鉴赏家的观看也不同于纯粹猎奇者的观看。油画有待于欣赏，以便作为一件艺术品而得以完成，但是这与一首交响乐有待于被演奏而进入实际存在的方式有所区别。在这两种情形之中的同一性与多样性都是不同的。

我们可以转向宗教事件来寻求更深层次的例子。出埃及的事件曾经呈现给当时经历该事件的犹太人，但是同一个事件现在也呈现给在《圣经》中读到这个事件的人们，还呈现给庆祝逾越节的人们。对于基督徒来说，基督的门徒曾经经历过基督死亡和复活的事件，并且它现在以不同的方式进一步呈现：通过阅读《圣经》，通过殉教的和没有殉教的信徒的见证，通过圣礼尤其是圣餐。的确，对于基督徒来说，圣餐仪式不仅是对于基督的死亡和复活的呈现，

30

而且还是对逾越节和出埃及事件的间接呈现。因此，甚至神圣性（the sacred）也是在多样的呈现之内的同一性。

通过其多样的显象而被给予的同一性，它所属的维度不同于多样性的维度。同一性不是多样性的一个成员：立方体不是其中的一个视角面或外形，命题不是其中的一个被言说的语句，戏剧不仅仅是其中的一场演出。同一性超越其多样的呈现，它超出这些的呈现。同一性也不仅仅是它的显象的总和；如果把同一性仅仅视为显象的总和，就会把必须在此加以区别的两重维度都抹平了。这种做法将会把一切都变成仅仅是显象的系列，把所有东西都放在一重维度之中，而不是承认同一性超出了显象之维，是某种通过所有这些显象并且也通过其他可能的显象而呈现出来的东西。

这种同一性的存在是相当难以捉摸的。我们认为我们非常清楚地知道某个显象是什么——我们看到的一个视角面，说出的一个语句，听到的一场演奏——然而同一性似乎不是某种我们能够触摸到或者看到的东西。它似乎躲避我们的把握。可是我们知道同一性决不能被还原成它的一个显象；我们知道必须把同一性和它的种种显象区别开。如果同一性此时以一种方式呈现，它也保留着其他的被给予方式以及作为同一事物而重新显现的方式，无论是对我们自己还是对其他人；同一性总是既揭示自己又隐蔽自己。事物总是能够再次被给予，或许还是以我们无法预料的方式而被再次给予。在我们的哲学分析中要努力做到的，就是赢得这些同一性所具有的实在性，展现它们与其呈现的多样性有所不同的事实，而且还要表明，尽管它们是难以把握的，却实实在在地是我们所经验的事物的一个成分。

当然，对于"什么是现象学分析？"这个问题可能给出的最简单答案也许将会是：它描述特定种类的对象所固有的多样性。意义现象学澄清意义由以显现的多样性；艺术现象学则描述艺术作品由以呈现自己并得到认定的种种多样性；想象现象学描述想象的对象由以显现的显象的多样性；宗教现象学则探讨宗教事物所固有的显象的多样性。每种多样性都是不同的，都是其同一性所固有的多样性，而各种同一性在种类上也是不同的。"显象的多样性"和"同一性"都是类似语（analogous terms）；一个艺术对象的同一性不同于一个政治事件的同一性，但它们都是同一性，并且都拥有其固有的被给予方式。通过仔细地澄清形形色色的多样性和同一性，现象学帮助我们保留每种多样性和同一性所具有的实在性和独特性。通过展现每一种存在者在其独立的实存上而且在其呈现能力上所固有的东西，现象学帮助我们避免还原论。比如说，如果能够系统地阐述道德行为和受强迫的举动各自固有的呈现的多样性，那么我们就会把这两者更加鲜明地区别开来。

　　我们在思考多样性之中的同一性的时候所列举的大部分例子，都是与单独的感知者或认知者相关联的情况。一旦我们把其他人的在场引入进来，把主体间性的维度包括进来，那么就会有更加丰富广阔的多样性开始发生作用。例如，侧面、视角面和外形的多样性把一个有形体的对象呈现给我，并且这种多样性随着我自己的空间移动而发生相应的变化。但是当其他的感知者进入这幅画面的时候，上述同一性就呈现出更加深刻的客观性，呈现出更为丰富的超越性：现在我不仅把它看作随着我的移动就会从不同角度看到的那个东西，而且还把它看作此刻正在由他人从另外的视角来观看的同一个东西。对象通过与我面对的多样性不同的多样性而被给予其他的观察者，我观看的对象正在被他人从其他的视点观看着。我意识到，对象向他人呈现的侧面不是正在向我呈现的侧面，因此这些其他的侧面作为不是我自己看见的侧面而被我共同意向。事物的同一

32

性不仅仅对我来说存在于那里，同时也对他人来说存在于那里，因而它是对我来说的更为深刻和丰富的同一性。在那里还有更多的"在那里"；由于引入了主体间性的视角，事物的存在和同一性都被提升到新的高度。于是，事物的存在和同一性又加上了相对于他人也相对于我而在那里存在的维度。

其他的同一性，诸如文本意义的同一性、艺术对象和文化对象的同一性、人类事件的同一性、道德境遇和宗教的同一性等，也会发生这样的丰富性的增加。比如说，领悟力就是被开启的可能性之一：我有能力领悟到我对某个对象例如某个文本的理解可能远远不如另外一个人的理解。我可能意识到，与同事相比，我所把握的同一性和多样性非常暗昧不清，而我的同事对于该文本的阐发是我似乎永远都不能独自发现的。还有，我可能对某个特殊的人际交往懵懂不察，而其他人却可以立即把握和表达正在发生的事情；当我后来知觉到这个事件，我感到其他人对这个事件的知觉和理解比我更清楚，但我的确还是把握了它。甚至在其暗昧不明的状态，也正是作为不甚分明的事情，该事件还是向我呈现了。

作为多样性之中的同一性结构的最后一个例子，我们来看看对我们自己的自我的觉察。我们的自我同一性是某种通过一套特别的显象而呈现自身的东西。在我们认定立方体、命题、事实、交响乐、油画、道德交往和宗教事物的时候，我们也始终是在把我们自己的同一性确立成所有这些事物都向其呈现的同一性。我们是在把自己确立为表现的接受者。我们的人格同一性的一个重要成分，就存在于记忆、想象和知觉的相互影响之中，而且存在于我们的内在时间意识之流中。我们以后将会详尽地考察这些结构。我们自己的同一性显然有别于任何被给予我们的对象的同一性，但是它与其他自我、其他人的同一性属于同样的种类。然而在这种语境下，甚至在主体间性的经验之中，我们依然作为我们自己的意识的中心而突出出来。即使在我们的同类中间，我们也拥有一种特别的无法回避的突出状态；我们以一种无法逃避的方式居于我们的中心之处。我们永远成为不了任何他人或者任何他物；我们无法抛弃我们自己。

在考察现象学的其他主题的时候，我们还有机会运用多样性中的同一性结构。目前我们先离开这个话题，转向我们提出来要探究的第三个结构，也就是在场和缺席的结构。

在场与缺席以及两者之间的同一性

在前面我们已经评论说，有关在场与缺席或者说充实意向与空虚意向的哲学主题是现象学原创的主题。出于某种原因，经典哲学家们没有关注在场和缺席的区别。我认为，正是现代的笛卡尔式的怀疑论，也就是关于世界的实在性的怀疑论促使现象学来考察这个议题。

在场与缺席是**充实意向**和**空虚意向**的对象相关项。空虚意向是这样的意向：它瞄准不在那里的、缺席的事物，对意向者来说是不在场的事物。充实意向则是瞄准在那里的事物的意向，该事物具体呈现在意向者面前。让我们举一些例子来显示这些结构。

假设我们要去巴尔的摩市的卡姆登球场观看一场棒球比赛。这个去看球赛的想法是在我和朋友们的谈话中出现的。我们决定让约翰去买门票，他去买了。我们谈论这场比赛，还讨论哪个队会赢。我们驱车去看比赛的时候仍然在讨论，直到我们走进球场。到此为止，这场棒球赛一直都是不在场的，但是我们却一直在意向着它，不过仅仅是空虚地意向着。我们在其缺席状态下谈论过它，我

们想象着我们正在观看比赛，我们一边走向座位，一边预期着这场
比赛。所有这一切都是空虚的意向。现在，随着比赛开始，随着我
们开始观看，我们也就行使诸多充实的意向；比赛被逐渐呈现给我
34　们。我们的那些空虚意向，也就是我们关于比赛所谈论过和想象过
的东西，都由于经过若干时间而展开的球赛的实际在场而被充实起
来。我们对比赛的观看就是我们对比赛的**直观**。直观这个术语在现
象学中指的就是这个意思。直观不是某种神秘的或者不可思议的东
西，它的意思就是使某个事物对我们在场；与此相对立的，就是使
某个事物在其缺席状态上被意向。当球赛结束以后，我们驾车离开
体育馆，又一次通过空虚的意向并在球赛的缺席状态下谈论和回忆
这场球赛。但是这种缺席状态有所不同，它是向记忆呈现的缺席，
而不是向预期呈现的缺席。这两种缺席是不一样的。在呈现之后被
给予我们的缺席，不同于呈现之前被给予的缺席。

　　另外再举一个例子。设想你在游览华盛顿特区，我建议应该到
国家美术馆（National Gallery of Art）去看看达·芬奇的《吉内芙
拉·德·班琪》（*Ginevra de' Benci*）。在我们去美术馆的途中，我向
你讲述这幅画：所有这一切都是在空虚的意向中进行的，尽管你的
空虚意向与我的空虚意向不一样。你没有见过这幅画，而我却看见
过，但是我们都处于我们正在谈论的东西的缺席状态。后来，我们
走近这幅画，继续谈论它，这时候我们的意向被充实了。这幅画呈
现在我们眼前，对我们在场；我们直观它。当我们离开这幅画，它
重新成为缺席的，我们也就回到空虚的意向。

　　下面还有另外的一些例子：他人的"内在经验"对我们来说
总是无可化约地缺席着；无论你对我多么了解，我的实际的内在情
感和经验之流永远不可能以某种方式与你的内在情感和经验之流真
正地融合，以至于——比方说——会让我的记忆或幻想突然开始

浮现在你的意识之中。另一方面，在彼此非常了解的人们之间可能存在某种同情（sympathy），然而，在单纯谈论例如某个人的缺席状态下的愤怒和直接看见他的发怒之间存在着差别。举另外一个例子，假如我提到莎士比亚的《仲夏夜之梦》里的人物希波吕忒（Hippolyta）说的头两句话，这时候我是在其缺席状态下提到它们，但是当我朗诵这两句话，"四个白昼很快地便将成为黑夜，四个黑夜很快地可以在梦中消度过去"（《仲夏夜之梦》第一幕第一场），这时候我就把两句话呈现在它们现实的在场状态。当我提到某个数学证明的名称的时候，我只是在其缺席状态下空虚地意指它，然而当我用心推演出这个证明的时候，我就使它成为在场。在场与缺席的作用可以效力于不同种类的事物，而且在每种情况下，在场与缺席的种类对于有关的事物来说都是特定的。在前面我们已经注意到，哲学的或者现象学的分析就在于展示某个特殊种类的对象所特有的多样性；同样真实的是，现象学试图阐明这些属于对象的混合：在场与缺席的混合、充实意向和空虚意向的混合。 35

　　直观概念在哲学上是有争议的；它常常被认为是某种私人的东西、某种无法说明的东西、某种几乎是非理性的东西，一种超越论证从而无法交流的眼力（vision）。然而我们不必用这种神秘的方式来理解直观。现象学可以为直观概念提供一个十分清晰的具有说服力的解说：直观就是让对象实际地对我们在场，与此相对，就是让对象在其缺席状态下被意向。直接地观看一场棒球赛，实际地审视一个立方体，找到我在寻找的眼镜，这些都是直观，因为它们把事物带向在场。这样的呈现与那些被指向缺席事物的空虚意向相对照。悖论的是，正是因为现象学如此重视事物的缺席，所以它才能够澄清直观的意义；通过与空虚意向及其关联的缺席形成鲜明对比，直观及其成就的在场变得更加可以理解。

　　还有一个在场与缺席、充实意向与空虚意向的维度尚未得到考察。这个维度就是下述事实：空虚意向和充实意向都指向同一个对象。同一个事物在此刻是缺席的，在另外一个时刻却是在场的。换句话说，在缺席和在场"之中"以及"背后"存在着一种同一性。在场和缺席都"属于"同一个事物。在我们预期和谈论棒球比赛的时候，我们所空虚地意向着的就是我们将要看到的同一场比赛。我们并非意向着关于这场球赛的意象，也不是意向着我们此刻在真正的球赛开始露面之前所关注的某种替代的球赛。我们意向着这场没在这里的球赛，尚未实存的球赛。当我向你谈论达·芬奇的油画的时候，你和我意向着同一幅画，也就是我们走进展出这幅油画的陈列室的时候将会直接看到的同一幅画。这个在场是这幅画的在场，这个缺席是同一幅画的缺席，而且这幅画完全是同一个，跨越在场与缺席。这幅画跨越在场和缺席而被认定。这幅画属于一个不同于在场和缺席的维度，但是，除非它能够使它自己在场和缺席，否则它就不可能如此。在场和缺席属于在它们那里得到认定的那个事物的存在。事物都是在缺席与在场的混合中被给予的，正如它们在多样性的呈现之中被给予。我们还应该注意到，在使用诸多语词来命名某个事物的时候，我们指涉的正是这种同一性，在缺席和在场状态下保持不变的东西。

　　在缺席和在场的这种相互作用中，我们在哲学上必须特别注意缺席的作用，也就是空虚意向的作用。在场始终是哲学的一个主题，然而缺席却没有得到应有的重视。事实上，人们通常忽略和回避缺席：我们倾向于认为我们觉察到的一切都必定是实际在场的；我们似乎不能设想我们确实能够意向缺席之物。我们回避缺席，尽管它就在我们周围，并且始终吸引着我们。因此，当我们想要说明如何能够谈论不在场的对象之时，我们往往会说，我们正在谈论关于对象的意象或概念，它**是**在场的，我们通过这个意象或概念而达到缺席的事物。然而，这种用某种在场者来替代缺席者的假设是十分不恰当的。首先，如果我们对实在事物的缺席没有某种感觉，如果我们不是已经意向了那个缺席的事物，那么我们如何会知道被给予我们的**仅仅**是概念或意象呢？出于某种理由，哲学家们往往忽视了缺席在人的意识中担负的至关重要的角色，而且他们企图借助于偷偷摸摸的在场形式，通过插入一些奇怪的在场者，诸如一些将会把缺席者掩饰起来的概念和观念，以此来遮蔽缺席的作用。

　　但是我们的确意向缺席者，在现象学上来说，对它的否认乃是错误的。我们可能需要语词或者心灵的意象的支撑来帮助我们意向缺席者，然而这些在场者并没有阻挡我们真实地意向那些不在我们面前的东西。缺席者作为缺席的而被给予我们；缺席是一种现象，我们必须给予它应有的地位。事实上，人的许多性情和情感都必须被理解成对于某种被给予的缺席的回应，否则就不可能得到理解。比如说，希望和绝望所预设的前提就是我们能够意向某种尚未获得的善，以及我们有信心获得这种善或者没有信心获得它。后悔之所 37 以有意义，只因我们觉察到过去；如果不是通过承认缺席者，我们又如何能够理解乡愁呢？在我们寻找某事物而无法找到的时候，这个事物的缺席就强烈地呈现在我们面前。我们持续不断地生活在未来和过去，生活在疏远和超越之中，生活在未知和可疑之中；我们不仅仅是生活在我们通过五官感觉感受到的周围世界中。

　　人的生活境况四周围绕着各种各样的缺席。有些事物是缺席的，因为它们是未来的事物，而有的缺席者则是由于它们太遥远，尽管它们与我们是同时代的，还有的缺席者是因为它们被遗忘了，另外一些缺席者则由于它们是秘密的或者是被遮蔽的，也有的缺席者是因为它们超出了我们的理解力但是又如此被给予我们：我们能够知道这是某种无法理解的东西。各种缺席以多种多样的方式显现，哲学的一项重要任务就是对它们加以区分和描述。胡塞尔最具有原创性的洞见之一，就是让我们注意到空虚的意向，注意到我们对于缺席者的意向方式，并且凸显它们在关于存在、心灵和人的状况的哲学探索中所具有的重要性。

我们似乎对在场较为熟悉；我们似乎更容易思考它们。我们可能会认为它们简直不成问题：可以说，我们认为我们知道事物鲜活地显现在我们眼前意味着什么。然而，如果按照哲学的方式来看待在场，认为它们受到缺席的映衬，那么也就可以看到它们承担的更加深刻的意义。当我们领会某事物的在场之时，我们恰恰是把它领会成并非缺席的：如果我们要觉察到在场者，那么就必须存在着它的可能的缺席之视域。在场作为对于某种缺席的消除而被给予。有时候，在场的对象就是我们一直在寻找的东西。在我们通过空虚意向来寻找它的时候（"我的眼镜在哪里？我把它放到哪里了？"），它的缺席曾经被生动地给予我们。然后，一旦我们找到这个对象，它的在场就在这些依然回响着的缺席的反衬下显露出来。对象恰恰是作为我们一直在寻找的东西而显露出来。在另外一些时候，对象可能并不是我们一直在寻找和期待的，而是出乎意料地突然显现出来；它使我们感到惊奇。即使在这时候，它也是作为对于某种缺席的消除而显现的。

不过，在任何情况下我们都必须强调，对象的同一性只有跨越在场与缺席的差异才被给予。同一性**并非**仅仅处于在场状态而被给予。甚至在对象缺席的时候，我们也都意向着对象本身，意向着在其同一性上的对象。当它在场的时候，我们再次意向它的同一性，只不过这一次是按照它的在场方式而且作为非缺席状态来意向它。

当我们在哲学上谈论在场和缺席的时候，我们关注的是意识主体和意识对象之间的关联所具有的对象方面。对象及其同一性跨越在场和缺席而被给予我们。如果转向主体方面，我们会说我们运用着空虚的意向，我们空虚地意向着对象，这些空虚的意向可以在我们成功地意向实际在场的对象之时得到充实。空虚的意向与对象的缺席相关联，充实的意向则与对象的在场相关联。然而，除了充实的和空虚的意向之外，还存在着一种**辨识行为**（act of recognition），即**认定行为**（act of identification），这种行为与对象本身的同一性相关联。这第三种行为超越了空虚的和充实的意向，正如对象的同一性超越它的在场和缺席。

我们已经注意到这个事实，即存在着许多不同种类的缺席。同样真实的是，存在着许多不同种类的在场和出场（presencings），每一种都与有关的事物相称。未来的事物通过让时间流逝而来到在场；遥远的事物通过克服距离而被带到在场；立方体的其他侧面通过转动立方体而成为在场的；复杂的数学证明通过一步一步地思考而变成在场的；外文著作的意义通过提供译本或者学习外语而成为在场的；危险只有通过冒险才得以被面对。在每一种情况下，有关的事物都规定着与之相适应的在场与缺席的混合。

有时候我们并不是从空虚的意向直接转到充实；有时候需要一系列的步骤，或者至少可能需要诸多步骤，从一个**居间的**（intermediate）充实走向另外一个，直至最后抵达对象自身。我曾经去看过一场高尔夫巡回赛，并且想要看到杰克·尼克劳斯打球。我已经在体育杂志上读到过对他的报道，在报纸上见过他的照片，也在电视上看过对他的采访。来到赛场之后，我就绕着高尔夫球场走动，想找到他所在的那个三人组的比赛。最后，我看到了写着他的名字的导示牌（比赛场上用来标示球员的姓名和成绩的牌子）。只见其名未见其人，我仍然是符号性地（signitively）或者说是空

39 虚地意向着他，不过现在我已经接近了充实，因为我不再只是看到他在报纸和杂志上的名字，而是看到他在导示牌上的名字，这就像是他的在场的指号或者信号。然后我又看到他的球童，我在别的照片上见过这位球童（这样我就获得了关于尼克劳斯在场的进一步的指示）。最后，我看见了尼克劳斯本人。就在此刻，我进入到知觉，并且脱离空虚的符号性意向、图像性意向、关联性的（associative）意向以及所有其他种类的居间的意向。一旦进入到知觉，我就不能再转入任何其他种类的更好的充实，但是我却能够继续拥有越来越多的知觉（当我跟着尼克劳斯看他打下几个洞时，我的确继续拥有了越来越多的知觉）。不过这些进一步的知觉并不是转入另一种意向性，而只不过是更多的同一种意向性。这条充实之链达到了它的顶峰。

因此，我们可以区分出两种充实。（1）一种充实通过许多不同种类的居间阶段而延伸，最终达到直观。例如，我们可以从某个人的名字到他面部的轮廓，再到全身肖像和塑像，再到他在电视上的影像，最后到他本人。其中的每一个阶段都在性质上与其他阶段相区别，而且每一个阶段都充实前一个阶段但是依然指向下一个阶段。然而最后的一个阶段，也就是直观，不指向任何其他的阶段。它是终点，是最终的明见性。让我们把这种充实之链称作**逐级的**或者**渐进的**充实。我们再次重申，最终的充实，也就是直观，并没有任何神秘的或者绝对的意味；它只不过是不再继续指向任何新的意向种类而已。在这一点上它有别于居间的阶段，居间的阶段都继续指向下一个阶段。我们也应该注意，对于对象的最终直观聚集了它在其中一直受到预期的所有居间阶段的感觉；最终的直观恰恰**不**是这些阶段——然而它是这些阶段的完成。看到尼克劳斯不是看到他的名字或者照片或者他的球童，但它是所有这些事情正在指向的事情。

（2）另一种充实之链并不是一路导向某种顶点。它只是**添加性的**，把越来越多的外形提供给有关的事物。当我继续观看尼克劳斯打球的时候，我就看到了关于他本人和他的球技的越来越多的东西。随着知觉的继续进行，可以看到更多的东西，但是这种"更多"却不同于那种在逐级的充实中所达到的邻近性在性质上的增加。再举一个单纯"添加性的"充实的例子，比如给数字 15 提供越来越多的定义：把它定义成 5 的 3 倍，定义成 16 减 1，定义成 12 加 3，以及 225 的平方根，等等。因此，在达到对于某个特殊目标的直观之时，我们的探求并没有结束。我们可能已经经历许多居间的呈现，它们一路导向我们的直观，然而目标本身到现在为止却仍然有待展开。我们可能发现属于事物本身的更多的东西，然而这样的探索并不是逐级的充实之中的另一个新阶段。它是对于我们已经带到直观在场之物的理解的进一步深化。

让我通过对术语的强调来结束我们关于在场和缺席的这一番讨论。在本书开头，我讲到作为现象学中的主要论题的意向性。我们刚刚也探讨了充实意向和空虚意向的差别。我们可能倾向于认为，意向性相当于空虚的意向，相当于我们对缺席者的觉察。这个看法是不对的；即使一个事物在其在场状态上被给予我们，这时候我们仍然意向着它。作为一个通称（generic term），意向性既涵盖空虚意向和充实意向，同时也涵盖意向着对象的同一性的诸多辨识行为。

我们还应该注意到，这一章讨论的几个主题使得意向性概念的内容逐渐丰富起来。当意向性在第一章被引入进来的时候，它显得既琐碎又显而易见，可是我们现在却看到，它不仅抵制现代思想的自我中心困境，而且还解释了我们的这种能力，即我们有能力辨识出经验的多样性之中的同一性，有能力对待缺席的事物，以及记示（register）那些跨过在场和缺席而被给予的同一性。

我们现在已经初步考察了贯穿于现象学始终的三种结构。每当我们想要探讨某个现象学议题的时候，都应该追问在该议题之中起作用的整体与部分、多样性与同一性以及在场与缺席的混合是什么。情感对象有一种模式，审美的对象又有另一种模式，数学对象、政治对象、经济对象、简单的物质对象、语言、记忆和主体间性等等各有它们自己的模式。伴随着我们在本书剩余部分继续进行的分析，这三种结构将会经常来到前台。

到此为止，我的绝大部分评论——但不是所有的评论——都
41　集中在颇为简单的经验形式上，关注的是对于诸如一个立方体这样的物质对象的知觉之类的事情。合乎逻辑的步骤将会是从这种知觉走向更加复杂的觉察形式，例如记忆和想象，并走向理智活动，走向在我们进入到语言和句法结构的时候、在我们开始记示事实并向他人传达意义的时候所拥有的那种经验。不过，在继续走向这些话题之前，让我们暂时中断一下我们的进程，以便于用初步的方式来澄清我们所谓的哲学分析意味着什么。我们应该考虑——对于目前来说，至少是应该大致地考虑——我们一直在实行的分析以及持有的观点所具有的本性。现在已经有足够的哲学分析的例证，可以让我们来表达一种初步的观念，即哲学——如同在现象学中所理解的那样——如何不同于前哲学的经验和言说。

第四章
现象学是什么：一个初步陈述

为了理解现象学是什么，我们必须在我们可能采取的两种态度或视角之间进行区分。我们必须区分开自然态度和现象学态度。**自然态度**是我们纠缠于我们最初的、指向世界的姿态之时持有的那种关注，这时候我们意向着事物、境遇、事实以及任何其他种类的对象。可以说，自然态度是缺省的视角，是我们由以出发的视角，是我们最初的视角。我们并不是从任何更为基础的地方进入自然态度。而**现象学态度**则相反，它是我们对于自然态度以及发生在自然态度中的所有意向性进行反思的时候持有的那种关注。我们正是在现象学态度之内来进行哲学分析。现象学态度有时候也被叫作**先验的态度**（transcendental attitude）①。现在让我们来考察这两种态度或关注，即自然态度和现象学态度。我们可以在其彼此对照中确切地理解每一种态度。

自然态度

在日常生活中，我们和世界上的各种事物直接纠缠在一起。当

---

① transcendental 一词，就词根 transcend 而言，的确是"超越的"或"超越论的"，但 transcendental 的哲学含义，特别是在康德所开创的哲学传统中，恰恰是"非经验的""非起源于经验的"，在逻辑上"先于经验的"，将其译为"先验的"，应是较切合于这种哲学意义的。——译注

我们坐在餐桌旁与别人交谈，当我们步行上班，或者当我们填表申请护照或驾驶执照，这时候我们拥有很多被呈现给我们的物质对象。我们通过它们由以被给予的侧面、视角面和外形而认定它们，我们谈论和联结它们，我们对于有魅力的或者厌恶的事物有着情绪上的反应，我们发现有些东西看起来或者听起来令人很愉快，而另一些东西则令人不悦和烦躁，等等。有些事物是对我们在场的，另一些事物则是缺席的，我们克服某些缺席状态并且把事物带到在场，但是我们也让另一些事物走出在场转入缺席。我们认定和辨识一个又一个事物：房间里的椅子和图画，窗外啼叫的小鸟，沿街行驶的汽车，吹过树林的微风。此外，除了这些实体性的事物，世界还包含着数学上的存在体，诸如三角形和正方形、开集合与闭集合、有理数和无理数等。这些数学上的存在物要求一种特殊的意向性，但它们仍然把自身呈现为被安顿在世界之内的存在者，尽管其存在方式不同于树木和卡车的存在方式。世界上还存在着政治体制、法律、契约、国际协定、选举，存在着慷慨和勇敢、仇视和胆怯等行为。所有这些事物都能够在我们生活于其中的世界里得到认定；所有这些在其同一性上的事物都与我们的意向相关联。

此外，我们的世界不仅仅包含着我们直接经验到的东西。我们也空虚地意向着很多我们从来没有经验过却当作是实在的事物。我从来没有去过中国，但是我的确时常意向着中国，意向着她的山川河流，她的对外对内政策和经济状况。我同样空虚地意向着巴西、南极洲和格陵兰。如果我去游览南极洲，我的许多空虚意向将会被充实，有些意向是以意外的方式得到充实，有些则是以意料之中的方式。我们在其中生活的世界延伸到我们的直接经验之外，甚至延伸到可能的经验之外：我们也知觉到我们永远不能亲身到达的太空领域。我们可能登上月球或者其他行星，然而不可能到达宇宙最遥远的地方。我们可以学到有关这些地方的大量的知识，但是其中绝大部分将会永远是空虚意向的目标，而不是充实意向或者知觉的目标。

如此说来，世界上存在着很多事物，所有事物都以不同的呈现方式被给予。还存在着**世界**本身，它更是以不同的方式被给予。世界不是一个巨大的"东西"，也不是已经被经验到或者能够被经验到的事物的总和。世界并不是像一个飘浮在太空的球体，也不是一堆运动的对象。世界更像是一个语境、一个舞台背景、一个背景，或者是一个对于所有存在着的事物、所有能够被意向并且被给予我们的事物来说的视域；世界不是与它们相互竞争的另一个事物。世界是对于所有事物来说的整体，而不是它们全部的总和，并且，它作为一种特殊的同一性而被给予我们。我们永远不可能使世界作为众多事物之中的一个物项而被给予我们，甚至也不能使之作为单个物项而被给予：它仅仅作为"囊括一切"而被给予。它容纳一切，但是并不像任何世间的容器。"世界"这个词项是一个"至大的单一"（singulare tantum）；只可能存在其中的一个。可能存在着很多星系，可能存在着许多适合于有意识的生物栖居的行星（尽管对我们来说只有一个），然而只有一个世界。"世界"不是一个天文学概念；它是一个与我们的直接经验相联系的概念。世界是对于我们自己以及我们经验到的所有事物来说的终极背景。世界是对于经验来说的具体而现实的整体。

在我们的自发的经验中，还有另外一种重要的单一性（singularity），这就是**自我**（self）、**本我**（ego）、**我**（I）。如果世界是最宽广的整体和囊括一切的背景，那么"我"就是这个最宽广整体以及其中的万物围绕着而得到排列的中心。悖谬的是，"我"是世界中的一个事物，然而它不像其他的任何事物，它是一个在世界

44

之中的但也在认知上**拥有**世界的事物，作为整体的世界以及世界之中的所有事物都对它表现它们自己。"我"是表现的接受者。自我是世界和世界中的万物能够为之而被给予的那个存在体，是能够在知识之中接受世界的那个存在体。当然，存在着很多"我"，很多自我，然而甚至在所有这些自我当中，仍然有一个自我——也就是我（就是说，你，现在读到这些文字并且从头到尾为你自己思考这些文字的你）——作为突出的中心而挺立出来。自我或本我的这些奇怪的事实并非只是语言的把戏，并非只是单数第一人称和第二人称的奇特之处；它们属于这样一种理性的受造物的存在，这种受造物能够思考，能够说"我"，并且能够在作为世界的一个部分的同时拥有这个世界。如亚里士多德所言，理性的灵魂在某种意义上就是万物。作为整体的世界和作为中心的自我是两种单一性，其他的所有事物都能够被安置在这两者之间。世界和自我彼此相关联的方式，不同于特殊的意向性与它所意向的事物相关联的方式。世界和自我给一切事物提供了一个终极的二元的椭圆语境。

　　所有这些结构元素都属于我们从一开始就处于其中并且总是处于其中的自然态度。还有一项自然态度的内容是我们继续讨论现象学态度之前必须加以考察的。这项内容就是在自然态度中渗透的确信。

45　　　我们接受世间万物以及世界本身的方式，是一种**信念**的方式。在经验他人、树木、建筑物、猫、石头以及太阳和星星的时候，我们将其经验成在那里存在的、真实的和实在的。我们对于世界以及世界之中的事物的接受，其基本特征、其缺省的样式是一种信念的样式，或者用希腊词表示，就是 doxa（信念，意见）。我们的信念与事物的存在相关联，事物的存在首先只是被照样接受下来。随着时间的推移，我们越来越成熟和明理，我们会把诸多样态引入我们的信念；我们发现自己在有些时候出现了错误，于是逐渐把幻觉、差错、欺骗或者"单纯的"显象等维度引入进来。我们逐渐认识到，事物并不总是如其似乎是的那个样子；"是"（being）和"似乎"（seeming）之间的区别开始发挥作用，但我们只是偶尔运用这种区别，而且需要很大的技巧。我们可能发现这只"猫"只是一个玩具，或者这个人的话是欺骗性的，或者那个"人"只是一块阴影，或者我们似乎看到的那块"玻璃"实际上是一块冰。然而，这样时不时发生的错误并没有使我们猜疑我们经验到的一切，猜疑我们听到的一切。这种缺省状态仍然是一种信念状态。不过，这种根本的信念现在却和整整一批可能的替代物形成反差：猜疑、怀疑、拒绝、或然性、可能性、否定、反驳，这些都是我们的意向性可以采用的可能的信念样态。

在我们的所有信念之中，最为突出的信念就是我们相信作为一个整体的世界。这种信念——我们不但可以把它称作 doxa（信念），还可以把它称作 Ur-doxa（原信念）（如果允许组合使用德语和希腊语词汇的话）——不仅仅是一种信念，而且是基础性的信念，支撑着我们拥有的全部特定信念。任何特殊信念都易于受到修正或辩驳，然而**世界信念**（world belief）却不是这样。如果我们是作为有意识的存在者而活着，那么世界信念就在那里从基础上巩固着我们可能运用的任何特殊确信。我们实际上从来不是学到或习得我们的世界信念，比方说，就像我们可能获得关于帝国大厦或者犹他州圣胡安河的信念那样来获得世界信念。在我们听说或者经验到有关事物的时候，在我们通过事物的多样性而逐渐确认其同一性的时候——事物在这些多样性之中被给予我们，无论是以在场状态还是缺席状态——所有这些特殊的信念都是与此伴随着出现的。然而我们永远无法学到或者习得我们的世界信念。在学到世界信念之

46　前，我们的状态会是什么呢？我们会不得不处于无言而封闭的唯我论之中，处于一种**对于**任何事物都没有觉察的纯然觉察状态。这样的状态是无法想象的；它需要自我把它自己当作万物的中心，同时又当作万物的总和，一个没有辐条的轴心。而且即使我们承认这种可能性，那么在地球上（或者甚至在地球之外）有什么东西能够从外部打破这种状态？如果关于"外面"事物的观念不是从一开始就存在，那么这种观念如何可能产生？

我们不能从自我中心困境出发；我们的世界信念从一开始就存在，甚至在我们出生之前、远在我们进行活动之前就在那里。我们最初的自我感也只有在世界信念的基础上才可能萌生。同样，即使我们发现我们在很多事情上都弄错了，但是我们的世界信念却丝毫不受影响。世界还是在那里存在着，无论它如何破碎和不完整，除非我们完全丧失自我感，陷入孤独症的隔绝状态。可是即便如此，如果存在有觉察的话，那么肯定还会保留着些许有物存在的感觉。孤独症患者身上必定存在的痛苦之所以存在，正是因为世界信念仍然在发挥作用；如果不是这样，就根本不会有任何觉察，也根本不会有任何自我感。

既然我们生活在悖论状况中，既拥有世界又是世界的一部分，所以我们知道世界会在我们死去之后继续存在，既然我们只是世界的一部分。然而在另一种意义上，在那里为我而存在的世界，在我知道的万事万物背后的世界，将会在我不再是它的一部分的时候黯然熄灭。这种熄灭属于我们遭受丧亲之痛的时候所蒙受的损失的一部分；这不只是因为那个亲友不在了，而是因为世界对他来说的存在方式也对于我们而言丧失了。世界失去了一种被给予方式，一个人用毕生的时间建立起来的被给予方式。

世界和自我都求助于有关整体的观念。与集合论的悖论相比——也就是终极集合（ultimate set）是否包含它自身的问题——
世界和自我的逻辑之问题更加困难：这些整体即世界和自我如何彼
此包含或者彼此排除，它们的总体如何与存在的事物之总和相联
系？集合论的悖论有可能只是这些问题的形式化版本：世界如何容
纳着包括自我在内的一切，自我如何能够意向包括世界和自我在内
的万物。

　　总而言之，在自发的自然态度中，我们指向各种各样的事物，
也指向作为万物得以被给予的视域或语境的世界。与世界相关联的
是自我或者说本我，即自然态度的执行者，世界以及世界中的万物
都被给予这个自我。自我既是世界的一个部分，然而又意向性地据
有世界。

现象学态度

　　读者想必已经注意到，我们在这里就自然态度所说的一切，都
不可能从自然态度之内陈述出来。这就是说，我们一直都是从现象
学态度之内来考虑这些事情，尽管我们并没有把注意力引到这上面
来。我们前面的论述就是这样进行的，而且实际上这本书始终都是
如此，除了"导言"部分不得不从自然态度之内来写作。当我们在
第一章考察意向性以及在第二章考察对立方体的知觉的时候，我们
都是从现象学视点来考虑这些主题的。

　　即使在自然态度之内也存在着许多不同的视点和态度。有日
常生活的视点，有数学家的视点、医学专家的视点、物理学家和政
治家的视点，等等，甚至还有我们在后面将会讨论的几种特殊的反
思态度。然而现象学态度不同于这些态度。它更根本也更全面。在
视点和关注点方面发生的其他的全部转换，都依然受到世界信念的

缓冲，世界信念的支撑作用始终在生效，而且，所有这些转换都把自己界定成从一个视点向另一个视点的转变，后者也只不过是对我们敞开的众多视点当中的一个视点。向现象学态度的转换却是一种"全是或者全非"的转变，它完全摆脱自然态度，并且用一种反思的方式来关注自然态度中的一切，包括起着支撑作用的世界信念。在转入现象学态度的时候，我们以某种独特的方式"被推上楼"（nudged upstairs）。进入现象学态度并不是要成为精通这种或者那种知识的专家，而是要成为哲学家。从现象学的视点出发，我们用分析的方式来观看和描述全部特殊的意向性及其关联物，还有世界信念以及作为其相关项的世界。

48　　　如果打算描述性地分析自然态度中的全部意向性，那么我们就不能分享其中的任何一个意向性。我们必须与它们拉开距离，对其加以反思，使之成为论题。这就意味着，在处于现象学态度的时候，我们中止这些意向性的作用，让它们全部接受检查。我们把它们中立化（neutralize）。这种关注点的改变是最为断然的改变，不过，它并非意味着我们开始怀疑这些意向性及其对象；我们并没有改变它们，比方说，把它们从确信变成怀疑。我们没有改变我们的意向性，而是维持其现状，但是我们沉思它们。如果我们沉思它们，那么此刻就不再行使它们。不过，如果打算把它们从一种样态改变成另一种样态，那么我们就不能沉思它们的本来面目；如果进入哲学反思就意味着比方说把我们的确信变成怀疑，或者把我们的确定性变成猜疑，那么我们就不能对确信或确定性进行沉思了。从一种样态到另一种样态的转变发生在自然态度的范围内。这些转变必须受到推动。我们必须有理由从确信转到怀疑，从确定性转到猜疑；倘若没有这样的理由，那么样态的转变就是非理性的和武断的。

当我们进入现象学态度，我们就变得类似于观看过往场景的超然的观察者，或者就像一场比赛的观众。我们变成了旁观者。我们沉思自己与世界以及世间事物的诸多牵连，沉思在其人事牵连之中的世界。我们不再是世界的参与者；我们沉思成为世界的参与者以及各种表现的参与者是什么样子。然而我们所沉思的意向性——确信、怀疑、猜疑、确定性，以及我们检查和描述的各种知觉——仍然是我们的意向。我们没有失去它们；我们只是沉思它们。这些意向性全然依旧，它们的对象也全然依旧，意向与对象之间的同样的关联仍然在起作用。我们用非常奇特的方式如其所是地中止它们，把它们"冻结"在原来的位置上。进入哲学态度的我们也都是那个行使各种自然的意向性的同一个自我。但是对自我的某种提升却在发生，在这种提升中，曾经生活在自然态度中的同一个自我开始明确地生活在现象学的态度之中，并且着手开展哲学的生活。

所有的人、所有的自我都在时不时地从事这种反思的哲学分 49 析，但是在进入这种生活的时候，大多数人通常会对他们正在做的事情感到迷惑。他们认为他们正在瞥见某种一般的真理，某种自然规律。他们往往把进入哲学反思当作自然态度的另一次调整；他们没有看到它如何不同于自然态度。我们关于现象学态度的讨论，其要旨就是帮助我们更加充分地领会自然态度和哲学态度的差别，从而清楚明白地转入哲学。我们做出明确的区分，而大部分人却是稀里糊涂地来回跨越边界。

向现象学态度的转变被称作**现象学还原**，这个词指的是把我们的关切"引离开"自然的目标，"回到"一种似乎更受限制的视点上来，这种视点只是把各种意向性本身作为目标。"还原"（reduction）一词的拉丁语词根是 re-ducere，它意味着一种"引回"、"克制"，或"撤回"。在进入这种新视点的时候，我们**中止**我们现在所沉思的各种意向性。这种中止——把我们的各种信念样态中立化——也被称作"**悬搁**"（epochē）。悬搁一词来自古希腊的怀疑论，在古希腊的怀疑论那里，它指的是怀疑论者所说的那种克制，即我们应该对自己关于事物的判断有所克制；怀疑论者宣称，在获得清晰确凿的证据之前，我们应该克制，先不要下判断。尽管现象学采纳了希腊怀疑论的这个词语，但是没有保留它的怀疑论意蕴。在现象学那里，"悬搁"就是使自然意向中立化，这是我们沉思这些自然意向的时候必须采取的措施。

最后，为了完成专用词汇方面的简要讨论，让我们来讲一下"**加括号**"这个术语。在进入现象学态度之时，我们中止我们的各种信念，把世界以及世界中的万物都**加括号**。我们把世界及其万物都"放到括号里"。当我们这样把世界或某个特殊对象加上括号的时候，我们并不是把它转变成单纯的显象、幻觉、单纯的观念，或者是任何其他种类的单纯主观的印象。相反，我们现在恰恰是把它当作自然态度中的某种意向性所意向的那样来考虑它。我们把它当作是与瞄准它的无论什么意向性相关联的。如果它是被知觉的对象，我们就如其被知觉到的那样来考察它；如果它是被回忆的对象，我们就如其被回忆的那样来考察它；如果它是数学上的存在体，我们就将其作为一个与数学意向相关联的对象来考察；如果它是单纯可能的对象，或者是一个被证实的对象，我们就如其作为对于意向着某种可能事物的意向性而言的对象考虑它，或者如其作为对于意向着某种被证实的事物的意向性而言的对象来考虑它。加括号全然保留了对象对于自然态度中的主体而言所具有的表现样态和方式。

因此，在进入现象学反思的时候，我们并不是把关注点仅仅局限于意识的主体方面，并不是仅仅关注意向性。我们也关注被给予我们的对象，但是如其在我们的自然态度中向我们显现的那样来关注它们。在自然态度中，我们直接走向对象；我们穿过对象的显象，径直走向对象自身。从哲学反思的立场出发，我们使这些显象成为论题。我们**对着**我们通常看**穿**的东西看。例如，我们关注立方体的侧面、视角面和外形，正是通过它们，立方体作为同一性而呈现自己。我们关注多样的显象，对象就是通过它们而被给予我们。不过，我们在这样做的时候，并没有把对象的同一性转变成"单纯的"显象之一；恰好相反，我们能够更好地把对象和它的显象区别开来，能够更好地维护事物自身的实在性。我们也能够更好地提供对于"世界"的本性的恰当描述。如果试图从自然态度出发去谈论世界，我们就会倾向于把世界看成一个巨大的存在体，或者看成是全部存在体的总和。只有从现象学的视角出发，我们才能获得正确的术语来谈论作为事物的表现语境的世界。

用一个有点粗浅的空间隐喻来讲，当我们进入现象学态度，我们就爬出了自然态度，提升到自然态度之上，把它理论化，而且区分和描述构成自然态度的主观关联和客观关联。从我们的哲学高地上出发，我们描述各种意向性及其对象，还描述自我和世界。我们区别开事物和它的显象，这种区分被海德格尔称作"存在论的差异"，即事物和事物的出场（或者缺席）之间的差异。只有从现象学的角度才能恰当地做出这种区分。如果试图从自然态度之内来区别事物与显象，我们要么是倾向于把显象实体化（因为在自然态度的立场上，我们往往是把我们关注的一切都当作实体性的东西来看待），要么是倾向于把事物还原成它的显象，还原成它的显象的总和。我们很可能会把显象设置成我们和事物之间的障碍，要么会把事物变成单纯的观念。这样的话，我们既没有切实地理解现象学态度，也没有恰当地理解自然态度。

是否存在有诸多论证能够引导我们进入现象学态度？

我们已经对自然态度和现象学态度的差别有所了解，因此可能提出这个问题，即是否存在某种途径，可以向他人解释和辩护这两种态度之间的转换。这个问题等于是问，是否存在某种论证，它能够说服别人进入哲学态度，或者向他证明他应该这样做。这个问题并不是琐碎的事情，它是在追问哲学能否在那些不是哲学家的人面前引介自己、解释自己并且证明自己合法。它也是在追问哲学是否能够向它自己辩护它自己，它是否能够澄清自己的起源，从而努力成为一门没有预设的科学。

在现象学那里，哲学的开端问题是在各种**还原之路**的标题下提出来的。我们得到各种"路径"或论证来帮助我们达到现象学的"还原"。我们已经知道，现象学还原是从自然态度转到现象学态度；它是对我们的意向性的限制，禁止其扩张性的、以世界之中的种种事物为目标的自然态度，将其限制在表面上更受约束的现象学态度上，而现象学态度瞄准的目标则是我们自己的意向性的生活，及其相关联的对象和世界。

我们务必小心，不要把我们的任务弄得过于困难以至超出必要。我们很可能错误地认为自然态度是纯粹自然的，纯粹非哲学的，其中没有一点哲学的成分，而且认为转向现象学就是转入自然地关注完全闻所未闻的某种东西。如果实际情况真是这样的话，那么我们似乎就不可能向那些尚未进入哲学的人们传达有关哲学是什么的观念。然而事实上，在自然态度中也存在着对于哲学态度的预期，存在着伸向哲学的伪足（pseudopods）。作为理性的存在者，我们已经拥有某种整体感、自我感，也对意向性和显象有所感觉。不过麻烦在于，我们试图用属于自然态度的范畴来处理所有这些事情。我们把它们变成神话，把它们心理学化、现象化或者实体化；我们使世界成为一个事物，使显象成为障碍，使自我被实体化，使意向被心理学化。我们并没有切实地理解和区分这些词项。诸多还原之路并不是试图开辟全新的预料之外的维度；相反，它们试图澄清我们已经拥有的自然态度和哲学态度之间的区别，并试图说明这两种态度之间的过渡。它们表明我们在进入哲学思维的时候发生的视角改变，以及我们使用的词项必定随之发生的意义转换，从而帮助我们切实地理解哲学态度。我们将考察两种还原之路，即存在论的还原之路和笛卡尔式的还原之路。它们是胡塞尔发展出来的两条进路。

存在论的还原之路是这两种进路当中较为温和的一个。（笛卡尔式的还原之路似乎把我们投入最激进的怀疑和现象主义之中。）存在论的途径诉诸人们对真正而充分的科学性的欲求。它指出，当我们以科学的方式探索某个存在领域的时候，我们获得了有关事物的一笔知识财富，一个判断系统。可以说，我们已经对某个领域例如分子生物学或者固体物理学领域取得了相当透彻的理解。但是，无论对于有关领域的事物的认识可以达到多么完备的程度，我们仍然没有探索与这些已经获得的真理相关联的主体性方面。对象方面可能得到了相当完备的认识，但是与它相关联的主体性成就将会受到忽视：这些主体性成就包括把正在研究的事物呈现出来的意向性，与对象相适应的证实方式，研究所遵循的方法，主体间性的修正和确证形式，等等。

只要一门科学是单纯客观的，它就迷失于实证性。我们拥有关于事物的真理，但是至于我们如何据有这些事物，我们却没有这个方面的任何真理。一旦我们认识的事物把我们迷住了,我们就会遗忘甚至迷失自己。科学真理也就处于漂浮无根没有主人的状态,似乎是无所归属的真理。为了完善科学,为了达到充分的科学性,我们需要探究在科学那里起作用的各种主体性的结构性行为,而且这53 种探究不是继续研究分子生物学或者固体物理学。它是从这样的科学转而进入一种新的反思性的姿态,也就是现象学的姿态,这种姿态公正地对待我们在先前的科学探索中已经运用却没有使之成为论题的各种意向性。一旦为分子生物学和固体物理学采取这种转向,我们逐渐就会明白,不能仅仅为这两门学科实行现象学态度;我们必须扩展我们的努力,以至覆盖意向性本身甚至世界本身(作为意向性的对象相关项的世界),因为任何局部科学中的各种意向性都无法得到理解,除非用意向性的更为广泛的方面来完善它们。如果不讨论对于同一性本身的辨识,我们也就无法讨论对于分子生物学中的同一性的辨识。

因此,通过循序渐进的扩展,存在论的还原之路帮助我们完善各门局部科学。我们走向越来越宽广的语境,直到获得现象学态度所提供的那种最广阔的语境。推动这种扩展的动机,就是对于充分科学性的欲求,希望避免遗漏与我们的探究有关的任何维度。分子生物学或固体物理学这样的实证科学可能存在着一种局部的完备性,但是任何一门想要达到全面性的科学最终都必须深入探究它是如何实现的,深入探究把这门科学确立起来的各种意向性。如果遗漏了这些意向性,这门科学就会处于不完善的、摇摆不定的境地,缺乏其固有的语境。存在论的还原之路使我们回想到亚里士多德在《形而上学》第四卷第一节提出的论述,即我们需要超出各门局部科学,走向关于整体的科学,也就是研究"存在之为存在"(而不是仅仅作为物质的,或者量化的,或者有生命的,或者经济的存在）的科学。

由这些关于存在论的还原之路的论述，应该可以清楚地看到，现象学作为一门科学，作为一项严格的、明确的、自觉的事业，事实上是一门比任何局部性探究都更为具体的科学。我们或许认为物理学或生物学是所有科学中最具体的，因为它们研究我们面前存在的物质事物，然而只要这样的科学不去考虑它们得以被实现的那些活动，那么它们实际上就是抽象的。它们遗漏的不仅仅是世界的本质部分，而且是它们自身的本质部分。现象学科学弥补和完善这些局部科学，同时又保留它们以及它们的有效性，因此，听起来似乎相当悖谬，现象学是所有科学中最为具体的。它恢复了更为宽泛的整体和语境。它克服了各门局部科学的"自我遗忘"。它考虑到其他科学由以抽离出来的维度，也就是意向性和显象的维度。它表明科学自身如何是一种展现，从而也表明客观主义的天真，即相信存在与展现漠不相干。因此，还原的确不是一种限制，不是从任何事物那里"引离开"。它保存自然态度以及自然态度中的一切，甚至在它使我们与自然态度拉开距离的时候也是如此。它进行扩充而不是进行剥夺。

笛卡尔式的还原之路给我们留下的印象却殊为不同。通向现象学的这种进路仿效的是笛卡尔的尝试，即下定"终生一次"的决心，决定怀疑他持之为真的全部判断，试图以此开始哲学。笛卡尔之所以引入这种方法上的怀疑，是由于他认为自己从他人那里接受过来的判断受到了偏见的污染。在采取这种普遍的怀疑之后，他将会更进一步，只把他本人按照他创建的方法能够受到辩护的判断当作真实的而接受下来。

笛卡尔开始哲学的尝试所带有的问题在于，它把我们全部自然的信念样态都转变成被怀疑的样态。他从几种自然的样态——确定性、猜疑、得到证实的赞同、可能性、或然性——转入另外一种自然的样态：充满怀疑（doubtfulness）。他的怀疑可能仅仅是方法意义上的，但它仍然是怀疑。笛卡尔试图把自己提升到哲学，然而他仅仅是成功地滑入另外一种自然态度，而且偏偏还是一种彻底的怀疑论态度。他试图使哲学走上一条成为严格科学的道路，可是他的努力却错失了目标。他的航向偏到一边去了，而且给哲学和科学带来了灾难性的后果。

　　现象学中的笛卡尔式还原之路试图采纳笛卡尔曾经努力要达到的东西，并且适当地运用它。这条还原之路并不主张我们发起一种普遍的怀疑。相反，它建议我们采取**尝试**去怀疑我们的种种意向的态度。这看起来好像只是一点细微的差别，但这种差别却是决定性的。尝试去怀疑和怀疑很不一样。在尝试去怀疑我们的一个信念的时候，我们是对这个确信采取一种中立的姿态；我们尚未怀疑它，我们只是中止我们的信念。我们停下来看看是否应该怀疑它。然55 而，这种尝试、停顿并不是怀疑，不过它有些类似于我们在进入哲学的时候所达到的那种中立化。这种中立的姿态起到一种钥匙孔的作用，我们由此能够对现象学态度是什么有所感觉，我们以这种态度把我们全部的意向性都加以中立化，并且对它们进行沉思。

　　尝试去怀疑还有另一个重要特征。除非我们有理由去怀疑某事物，否则我们不可能真正怀疑它。假设我知道这个房间的门是白色的，再假设我看见一只猫走进了这个房间。我不能接着说我怀疑这扇门是白色的，也不能接着说我怀疑这只猫正走过门槛，除非我有理由怀疑这些明显的事实：我可能突然意识到，正是光线使这扇门显得比正常情况下更亮一些，它实际上是浅灰色的；我可能突然意识到，在门边有一面镜子，我真正看见的只是走进另一个房间的那只猫在镜子里的影像。作为自然态度中的一种样态，怀疑需要受到诸多理由的激发。我不能说我偏要怀疑这些事物。

不过，**尝试**去怀疑却服从于我们的自由选择。我们可以尝试去怀疑任何东西，即便是我们面前最为明显的事实或者最为确定的观点。以类似的方式，我们可以自由地发起在我们转向现象学视角的时候出现的那种中立化，中止我们的各种意向性或者"使它们不起作用"，把事物和世界加上括号；这些事情都由我们来掌握，并且服从于我们的自由选择。我们可以决定我们是否想要实践这种生活。不需要有类似于迫使我们进入怀疑或猜疑状态的理由来强迫我们进入这种生活。因此，怀疑并不是用来帮助我们进入现象学转向的好模式，而尝试去怀疑却是一种好模式。尝试去怀疑可以让我们清楚地瞥见以现象学方式对我们的意向加以中立化就像是什么样子。在这个意义上来说，笛卡尔式的还原之路就是试图把我们"踢进"哲学态度。

笛卡尔把一种激进的怀疑论引入理智生活，这种怀疑论继续困扰着他所激起的思想。尽管如此，采纳笛卡尔的主题，修改之后让它服务于现象学——就像我们在前面已经做过的那样——这种做法还是有益的，因为许多人都还错误地认为，从自然态度向现象学态度的转变就是再度陷入笛卡尔主义，甚至有些杰出的现象学诠释者也没有弄通这一点。因此对我们来说，在笛卡尔的工作和现象学的成就之间进行区分仍然是十分重要的。

笛卡尔的错误带来的一个极其有害的影响，就在于他使自然态度的各种意向性丧失了名誉。笛卡尔破坏了我们的自然而有效的信念，即相信我们经验到的事物的实在性，相信我们辨识的各种同一性的实在性。他引入的怀疑论习性致使我们倾向于在得到证明之前不相信任何东西。然而这种事事都要证明的欲求其实是没有道理的。只有在某些不可证明的真理基础上，证明才是可能的。而这些不可证明的真理在自己那里拥有其明见性并且不需要证明。我们不可能证明一切；我们知道许多东西不需要被证明。现象学恢复了我们在自然态度中拥有的确信的有效性。它承认我们的意向确实按照它们不同的方式达到了事物本身。它区别和描述了各种意向如何被充实和确证。它也意识到我们经常超出明见性，经常对自己意向的东西模糊不清，而且经常出现差错；但是出现差错并不等于使一切都丧失名誉。它只是表明我们务必要小心谨慎。通过澄清各种意向性并且把它们彼此区分开，现象学有助于我们保持小心谨慎。

最后，我们应该注意到存在论的还原之路和笛卡尔式的还原之路的区别。存在论的还原之路采取渐进的方式。它从科学的成就开始，再逐步地给这些成就加上几个维度，一路不断地推着我们，直到它抵达现象学态度。笛卡尔式的还原之路则试图一步到位，匆忙完成全部工作。它一下子就把全部意向性都给中止了。与存在论的还原之路相比，它的确有些更好地凸显出在哲学中开始发挥作用的新样态，即中立化；但是就像任何匆忙之举一样，它可能会严重地误导我们。它可能使我们认为现象学是怀疑主义和现象主义的，认为现象学剥夺我们的实在世界以及其中的事物。它甚至似乎导向唯我论。存在论的还原方式虽然缓慢但是有把握；笛卡尔式的还原方式虽然迅速但是冒险。最好的进路就是二者兼用，取长补短。不过，在这两种进路之中，关键的问题是要把握住自然态度和现象学态度的区别，以及我们自然的卷入和哲学的超然之间的区别。

与现象学态度有关的一些专用术语

57　　还有很多其他议题能够帮助我们更加确切地界定现象学态度。

接下来，我们基本上是通过解释几个现象学术语的方式来论述这些议题。

我们从现象学视点之内开始经验和分析，得出的断言在原则上都是**绝然的**（apodictic）。绝然的陈述表达的是不可能是别样的事物；它们表达必然的真理。此外，可以**看到**它们是表达这些必然真理的。我们看到它们所说的东西不可能是别样的。被呈现给现象学态度的明见性存在着哲学上的必然性。例如我们来考虑这个陈述：一个物质的空间对象，比如立方体，它只能在外形、视角面和侧面的多样性中被给予，而立方体是在这些显象中被给予的同一性。再看一下另外两个陈述：同一性在缺席与在场的混合之中被给予我们；我们只能拥有受到过去和未来映衬的时间上的当下。这些陈述都是绝然的。我们看到，一个立方体不可能以任何其他的方式被给予，当下从来都不是徒有其表的，而总是牵涉过去和未来。

有人或许会提出异议说，这样的陈述之所以是绝然的，无非因为它们是如此地显而易见、如此地琐碎，几乎唾手可得；然而，这恰恰是关键所在。就像一般意义上的哲学陈述那样，现象学的陈述宣告明显的必然的东西。它们把我们已经知道的事情告诉我们。它们不是新的信息，然而，即便它们没有告诉我们任何新的事情，但它们仍然可以是重要的、富有启迪性的，因为我们经常就是对于这样的琐事和必然性感到非常困惑。如果我们想到大部分人是如何理解记忆的（把记忆理解成观看内心的图像），或者想到许多哲学家对知觉的描述是何等贫乏（例如把知觉描述成在大脑的某种内在屏幕上的印象摄入），那么，对明显的东西加以陈述的重要性本身就变得明显了。现象学的断言声称自己是绝然的，因为它们是如此基本，如此不可避免，如此无法逃避。它们的绝然性可不是来自这种事实，即提出陈述的人享有其他人从来没有听说过的奇异真理的某种特别启示。

58　　此外，现象学的陈述和明见性都是绝然的，这个事实并不意味着我们永远不能改善它们或者加深对它们的理解。一项哲学陈述可能是绝然的然而又缺乏**充足性**。充足性意味着所有的模糊性都已经从陈述中清除出去了。事物的全部维度都被显露出来，所有的蕴含都被引申出来。实际上没有任何东西可以被如此充分地呈现给我们，即使在哲学那里也是如此。结果，现象学陈述可以被看作是必然的（我们能够看到它们不可能是别样的），然而它们也可能要求进一步的澄清。例如，我们完全有可能知道当下必然涉及过去和未来，却不清楚当下、过去和未来的充分含义。我们可能绝然地知道对象在缺席与在场的混合中被认定，但是我们可能依然不清楚何为在场、何为缺席所具有的充分意义。

　　现象学还原和现象学态度通常被称作**先验的**。我们说到先验的还原和先验的态度。人们甚至会遇到有些显得很笨拙的用语："先验的-现象学的还原"以及"先验的-现象学的视点"。那么，"先验的"一词意味着什么呢？

　　这个词的意思是"超越"（going beyond），其拉丁语词根是"transcendere"，由"trans"（越过）和"scando"（攀爬）两个部分构成，意思是"翻过"（climb over）或者"超越"。意识——即使是自然态度中的意识——是先验的，因为它超出它自身而达到被给予它的事物和同一性。在认知之中，自我超出它自己而指向事物，就此而言，自我可以被称作先验的。先验自我是作为真理执行者的自我。先验还原就是转向作为真理执行者的自我，先验态度则是我们使这种自我及其意向性成为论题的时候所采取的姿态。

　　在进入现象学态度或说先验态度的时候，必须适当地变更我们所使用的语词。因为这种新的语境是如此独特，它需要对我们的自然语言进行调整。让我们把这些变化所产生的新语言称作**先验语**（transcendentalese），把我们在自然态度中言说的语言称作**世间语**（mundanese）。这两种态度是由它们各自固有的那种意向性所构造的，在每种态度下言说的语言反映了视角上的差异。研究这两种语言的相互作用，是厘清哲学经验和自然经验之间的差别的好办法。

　　先验语的有些语词来自世间语，诸如"同一性""显象""在场与缺席""自我"等词汇，不过我们需要记住的是，一旦这些词项被吸收进新的哲学的语言，它们的意义就发生了微妙的改变。例如，当我们说哲学是一门严格的科学，这时候的"科学"一词具有不同于物理学和生物学科学的含义。一种新的精确性被引入进来。在与自然态度的各门科学不同的方式上，现象学是一门科学，而且，与先验还原相联系的整个论证都应该有助于我们看清这种新的含义是什么。

　　还有一些语词是为先验语专门铸造的，它们在自然态度或在世间语那里没有任何基础。其中的两个是**"意向对象"**（noema）和它的相关项即**"意向活动"**（noesis）。"意向对象"是指意向性的对象相关项；它指涉自然态度的各种意向活动所意向的任何东西：一个物质对象、一幅画、一个词语、一个数学上的存在体或者另外一个人。但是更确切地说，它指涉的是正在从先验态度出发而被看到的对象相关项。它指涉的是已经被先验的现象学还原加上括号的对象相关项。有时候这个词项可以用作形容词和副词：我们可以提供一种意向对象性的分析（noematic analysis），可以研究某个事物的意向对象性的结构，可以意向对象性地（noematically）考察对象。任何使用这些语词的用语都属于先验语。它们都是哲学上的用语。它们假定哲学固有的中立性变更已经被引入进来。"意向对象"一词的使用，标志着我们已经处在现象学之中，处在哲学的话语之中，而且标志着被谈论的事物正在从哲学的视点出发得到讨论，而不是从自然态度之内的一个视点出发得到讨论。

我们需要强调这些要点，因为意向对象很容易被误解。意向对象常常被当作某种存在体，就像一种概念或者一种"含义"之类的与意识对象截然不同的东西，某种起到中介作用的东西，意识通过它而被指向某个特殊事物。这种观点认为，正是通过意向对象，意向性被赋予意识，好像如果没有把意向对象加给意识的话，意识就会是自我封闭的。意向对象也被认为是意识由以瞄准这个或那个特殊对象的存在体，我们的意识通过它而被指向外部世界的某个特定物项：意向对象被看作一种为意向性服务的投弹瞄准器。我认为，把意向对象当作一种中介性的存在体来理解的看法是不正确的。在本书的第十三章，我们将会更加详细地表明这种看法为什么是有问题的和存在误导的。我们在这里先来稍微介绍一下这个词项，对它的含义做出初步解说，这对目前的讨论而言已经足够了。意向对象是意向性的任何对象，是意向性的任何对象相关项，然而是从现象学态度来考虑的，仅仅作为被经验到的对象相关项来考虑的。它不是任何对象的拷贝，不是任何对象的替代品，也不是某种含义，可以使我们指向对象；它就是对象本身，然而是从哲学的立足点上来考虑的对象本身。

"意向活动"一词的误导性要小一些，但是这也假定我们已经进入了现象学。"意向活动"指涉我们借以意指事物的那些意向行为：知觉、符号行为、空虚意向、充实意向、判断、回忆等。但是它对于这些意向行为的指涉，恰恰是从现象学的立足点来看待的这些行为。它假定我们已经实施先验还原。它考察现象学悬搁使其中止或失效之后的这些意识行为。与意向对象相比，"意向活动"一词引起的争议比较少，这是因为我们没有受其诱导去设定一个与原来的行为相平行的另外一个影子行为，然而我们可能会受到"意向对象"这个词的诱导，去设定一个与实在对象相平行的影子"对象"或"含义"。我们几乎没有受到"意识活动"一词的诱导，以至于在我们自己和我们的心理行为之间去假定"一个意识活动"，原因就是我们生活在笛卡尔传统中，已经习惯于把内省看成是写实的（realistic），以为这些内省使我们直接接触我们的心灵生活。这个传统还使我们倾向于否认我们直接面向世界之中的事物；它使我们需要一个中介者，一种再现（"意向对象"），以便我们通过这个中介者来和外面的事物发生联系。

我们还应该提到这个事实：现象学铸造的这两个词即"意向活动"和"意向对象"都有同样的希腊语词根"noein"，该动词的意思是"思考""考虑""知觉"。希腊词"noēsis"意味着一种思考行为，而"noēma"这个词意味着被思考的东西。在希腊语中，动词词干加上的后缀 -ma 意指该动词表达的那个活动所产生的结果或效果。因此，phantasma 意指幻想活动的对象，politeuma 意味着政治化的结果（政治存在体），rhēma 意指言说的结果（语词），horama 意味着观看的对象［景象，例如在"全景"（panorama）这个词里表示的那样］，migma 意味着混合的结果（混合物）。noēma 一词也就意味着被思考的东西或者我们意识到的东西。 61

把希腊语词加以改装，使之适用于现象学，这种做法是可以的。意向对象是思想的任何对象，但准确地说是这样来考虑的思想对象，即正在被思考或者被意向的对象，作为某个意向性的相关项的对象。我们由以按照这种方式来看待意向对象的视点就是现象学的态度。"意向对象"这个词因此只是从现象学态度之内来言说的。然而不幸的是，人们常常是在心理学、认识论或者语义学的意义上来理解"意向对象"。他们忽视了先验态度和自然态度之间的关注点的差异，他们在自然主义的、认识论的或者语义学的方式上看待意向对象。当意向对象应该被看作从现象学视角所看到的世间事物的时候，人们却把它设定成居于自我和世间事物之间的中介。他们不是把它看作在事物的表现之中的一个"要素"（一个抽象部分），而是把它具体化，使它充当心灵和事物之间的联结物。

　　这一部分讨论了与现象学还原有关的几个术语，这些讨论并不属于单纯的文字惯例方面的问题。它们表明了界定着现象学的那种新态度具有的几个重要方面。而且，对这些术语的界定将会使我们更加容易地表达现象学的某些学说。掌握适当的词汇可不是某个知识领域里附带的小事；如果没有语词来命名有关的事物，那么这些事物就没有办法得到适当的阐明。

先验还原为什么重要？

　　乍看起来，我们可能很想认为现象学本质上属于知识理论领域的一种活动，属于认识论领域的一项研究，但是它远远不止如此。它不只是力图解决"关于知识的问题"，力图确定是否存在着真理，以及我们是否能够达到"实在的世界"或者"心外的"世界。现象学的确产生于认识论在哲学中占据主导地位的历史时代，它的某些术语和论证听起来也是非常认识论化的，但是它成功地冲破了这种限制性语境。它超越了它的起源。它逐渐与现代哲学融通并从中吸收营养，但它也克服了现代哲学的一些局限并与古代思想重新建立了联系。对于现象学的各种误解，大部分都来自仍然深受现代思维的问题和立场影响的诠释，这些诠释依然深陷于笛卡尔和洛克的传统之中，因而未能把握住现象学的新东西。现象学要求在关于什么是哲学的理解上做出重大的调整，但是许多人无法跟上这种调整，因为他们无法摆脱其背景和文化语境。现象学恢复了古代哲学的诸多可能性，即使在解释诸如现代科学的出现等新的维度之时也是如此。现象学提供了一个绝佳的例证，表明某种传统如何能够在新的语境中被重新占有并获得新生。

先验还原的学说具有特别重要的意义，因为它在哲学如何能够与前哲学的生活和经验相联系方面提供了一个新的界定。哲学面临的危害之一，就在于它可能认为自己可以取代前哲学的生活。的确，哲学达到了理性的顶点，它包含着理性的其他运用，诸如在特殊科学和实际生活中可以看到的运用。哲学研究所有这些局部的运用如何互相联系，如何适应最终的语境。因为哲学补充了前哲学的理性，它可能倾向于认为自己可以取代理性的这些运用。它可能开始认为自己能够比专门的思想类型做得更好。哲学可能开始认为它能够比政治家更好地开展政治生活，比那些反复讨论我们在共同体中的生活应该如何度过的人们做得更好。它也可能开始认为自己比宗教人士更善于解惑，能够更好地解释清楚神圣和终极是什么。它还可能开始认为它可以取代诸如化学、生物学和语言学这样的专门科学，因为这些学科没有一个是拥有整体感的。如果哲学试图取代前哲学的思维，其结果就是理性主义，由马基雅维利在政治 63 和道德生活方面、笛卡尔在理论事务方面引入到现代哲学中的那种理性主义。

现象学对文化和理智生活做出的最重要贡献，就是确认前哲学的生活、经验和思维的有效性。它坚持认为在自然态度中实施的理性运用是有效而真实的。人们在哲学登上舞台之前就已经获得了真理。自然的意向性的确达到了充实和明见性，哲学永远不能替代这些意向性所做的事情。现象学寄生在自然态度及其全部成就上。除非通过自然态度及其意向性，否则的话，现象学也就没有任何途径可以接近事物和世界的显露。现象学仅仅是后来者，它必须保持谦虚；它必须承认自然态度在其实践和理论运用方面取得的真实而有效的成就。然后，现象学沉思这些成就及其关联的主体性活动，但是假若这些成就不存在，那也就没有任何东西可供哲学去思考。如果哲学要存在，那么就必须存在真实的意见，必须有在先的信念（doxa）。现象学可以帮助自然的意向性澄清它们在寻找什么，但是现象学永远不能取代它们。

当现象学把自然态度中运作的意向性"中立化"的时候，它并没有削弱、毁灭、倾覆或者嘲弄它们。现象学仅仅是对它们采取沉思的姿态，使它能够把这些意向性加以理论化的姿态。现象学补充自然态度；哲学沉思真的意见和科学。现象学还会指出在自然态度中取得的真理和明见性的局限，但是各种技艺（arts）和科学已经觉察到这个事实，觉察到它们各自都是局部的、有限的，尽管它们可能没有能力非常精确地表述它们的局限。有时候，特殊的技艺和科学可能想要独自称霸，想要主宰其他的所有学科：物理学可能试图说它解释了整体及其万物，语言学也试图这样做，心理学或者历史学也是如此。当这些局部的技艺和科学试图统治整体以及其他的技艺和科学时，它们就变成冒牌的哲学，但是当哲学试图统治前哲学的知识形式，当它试图取代这些知识形式的时候，它也会歪曲自己。

64   通过承认自然态度中的技艺和科学的有效性，承认实践层面的审慎以及常识的有效性，现象学实行了一种重要的文化修复工作。在现代思想中存在着一种理性主义的倾向，想要使哲学成为所有前哲学的理性形式的完美替代物，而现象学则抵制这种倾向。现代的理性主义倾向在近年来已经分解成后现代主义，后者反冲到另一个极端，否认理性具有任何中心意义。现象学同样避免了这种否定性的极端态度，因为它从来没有采取过理性主义的立场。

古典的希腊思想和中世纪思想认为，前哲学的理性可以达到真理和明见性，哲学的反思是随后来到的，而且不干扰在它之前的东西。亚里士多德没有插手政治生活，也没有去干预数学；他只是力图理解它们是什么，而且多半是力图把它们澄清给它们自己。现象学与这种古典的理解不谋而合，不过现象学能够给这种理解增添的东西，就是它明确地讨论了进入哲学生活所要求的关注点的转变。有关**悬搁**的学说，在自然态度和现象学态度之间的区分，关于把自然态度中的意向加以中立化的想法，世界和世界信念的角色，所有这些都是对于采取哲学的超然态度并进入哲学思维意味着什么的澄清。这些与还原联系在一起的学说，都不是导致心灵混乱的谜题，试图让我们沉迷于内省，也不是有关我们能否走出自我而进入"心外"世界的难题；它们是对于哲学的本性的澄清。它们有助于表明，哲学的话语即先验语如何不同于人们的实践以及技艺和科学的话语，即世间语，自然态度的语言。一旦得到适当的理解，它们就能够同时照亮前哲学的生活和哲学的生活。

最后，先验还原不应该被看作是对于存在问题或者有关作为存在之存在的研究的逃避；恰恰相反。从自然态度转向现象学态度的时候，我们提出了关于存在的问题，因为我们开始恰如事物被给予我们的那样去看待事物，恰如事物被表现的那样去看待它们，恰如事物被"形式"——它是在事物那里的显露之原则——所规定的那样去看待它们。我们开始在其真理和明见之中看待事物。这也就是在其存在中来看待事物。我们也开始把自我当作存在者在其中被揭示的接受者来看待：我们把自我当作表现的接受者来看待。这也就是在**它的**存在之中看待它，因为它的存在之核心，就是对于事物之存在的探究。"存在"并非只是"像事物似的"（thing-like）；存在涉及显露或真理，而现象学首先在其"是成真的"（being truthful）这个标题下看待存在。它把"人的"存在看成是真理在世界之中发生的位置。通过所有这些有关还原之路的论述——它们听起来像是笛卡尔式的论述——现象学能够重新发现古老而又常新的存在问题。

第五章
知觉、记忆和想象

到目前为止，我们对何谓现象学的分析以及现象学分析为何是哲学的分析已经有所了解。我们还通过检查我们对于一个立方体的知觉，演示了现象学分析的实例。我们也考察了部分与整体、多样性中的同一性，以及在场与缺席的结构在人的经验中起到的作用。现在可以开始发展出更多的现象学描述来扩展这些主题。我们目前已经完成的工作还只是一些草图。接下来，我们要反过来再回到知觉，更加详细地考察它如何把对象呈现给我们，考察它如何与意向性的衍生形式诸如回忆、想象以及向未来的投射相互映衬。

回　忆

知觉直接把对象呈现给我们，而且这个对象总是在缺席与在场的混合中被给予。当一个侧面被给予的时候，其他侧面则是缺席的。该对象的一些部分遮蔽着其他部分：前面隐匿着背面，表面隐匿着内部。如果对象是我们听到的对象，在一个地方听到的声音排除了我们可以在另一个地方可能听到的声音的几个方面。我们能够克服这样的缺席，但是只有付出代价，失去我们所拥有的在场，也就是使这些在场变成缺席。贯穿于这种在场和缺席的动态混合，贯穿于这种呈现的多样性，同一个对象持续地向我们呈现。同一性在一个不同于侧面、视角面和外形的维度上被给予；同一性永远不会作为一个侧面、视角面或者外形而显现。

但是同一性也能够在对象被回忆的时候被给予。回忆提供了另一套显象，另一套多样性，通过它们，同一个对象被给予我们。与知觉过程中对于缺席侧面的共同意向相比，记忆涉及一种更加彻底的缺席，但它仍然呈现同一个对象。它呈现同一个对象，但是带有新的意向对象层面：被回忆的对象，过去的对象。

我们可能倾向于按照如下方式来思考记忆：在回忆某事物的时候，我们唤起关于该事物的一个心灵意象，并且辨识出这个意象正在呈现我们曾经看见的同一个事物。按照这种观点，回忆就与观看某人的一张照片并认出这人是谁、认出照片的拍摄背景没有多大的区别。唯一的差别是照片处在"心外的"世界，而记忆上的意象则位于"内心的"世界。

对于回忆的这种诠释是十分错误的。它把回忆与另一种意向性即图像行为混为一谈。我们往往混淆这两种类型的意向性，这并不奇怪；我们的确似乎拥有心灵之眼看到的内在意象，而且一旦我们对大脑有所了解之后，似乎不可避免的是，我们总要假定有某种意象以某种方式投射在大脑里的某种屏幕上。然而，如果我们考虑一下在回忆行为中出现的同一性类型，就可以看到这种诠释明显是不融贯的。

在图像行为中，我们观看一个描绘他物的对象。我们观看这块彩色的画布或者画纸，我们在其中看到的是别的事物：一个女人，一片乡村风光。与此相比，在回忆行为中，我们并没有观看一个描绘他物的对象。我们仅仅是在直接地"看到"这个对象或者直接使对象呈像（visualize）。回忆行为更像是在知觉某事物，而不像是在把某事物图像化。在记忆中，我没有看到与我回忆的对象看起来相似的东西；我在回忆这个对象本身，在另一个时刻的这个对象。如果我们被一种无法摆脱的回忆所纠缠，那么严格地来讲，我们不应该说"我没有办法从心里排除那个意象"，而是应该惊呼："我无法停止对那个东西的呈像！"

假设我们愿意说我们在回忆的时候没有观看内在的图像，还有什么别的是我们应该说的？我们如何能够从先验的视点来表达在回忆过程中发生的事情？如果我们的确没有观看内在的图像，那么为什么好像是我们在看（内在的图像），如何能够解释似乎在我们心灵之眼或者心灵之耳那里呈现出来的东西？针对这些问题，我们可以用这种方式来回答：作为记忆而被我们储存起来的东西，并不是有关我们曾经知觉到的东西的意象。相反，我们储存的是以前的知觉本身。我们储存了我们曾经经历过的知觉。于是，在实际回忆的时候，我们并没有唤起意象；相反，我们唤起的是以前的知觉。当这些知觉被唤起和重演的时候，它们一道带来了它们的对象，也就是它们的对象相关项。在回忆过程中发生的事情，就是我们再次经历以前的知觉，回忆起如其当时被给予的对象。我们捕捉到我们意向生活的那个以前的部分。我们使之再次获得生命。这就是为什么记忆可能是如此怀旧。它们不只是提醒物，而是重新经历之活动。过去获得再生，带着其中的各种事物，但是它的再生伴随着特殊类型的缺席，这种缺席是我们无论走到何处都无法跨越的缺席，不像桌子背面的缺席，我们只要走到房间另一边观看就可以跨越它。

在场与缺席的新混合、显象的新的多样性——同一个对象可以经由它们而在其同一性上被给予——通过记忆而出现了。在记忆中，我们重新激活某个对象，而且这个对象犹如在彼时彼地呈现其自身那般，在此时此地重新呈现，只不过是像过去那样。这就是被回忆的对象所具有的意向对象形式，与被感知的对象的形式

68

不同，被感知的对象仅仅是在此时此地，而不是在彼时彼地。我们可以用下述相当微妙的方式来表明图像行为和回忆之间的区别：在观看图像的时候，我们**观看似乎是**其他某事物的**某事物**；但是在回忆中，我们**似乎正在观看**其他某事物。这种隐晦的表述抓住了这两种意向性形式之间的差异。

有人可能会提出反对意见："这种说法是无稽之谈。我怎么能够再次经历一个过去的知觉？在彼时彼地的同一个东西怎么可能在此时此地再次对我呈现？这是不可能的；必定存在有它的图像，我观看的就是这幅图像。"然而，这种对于经验的重新经历正是回忆之所是。这相当不可思议，可我们就是这样造就的。我们能够重新经历从前的一部分意识生活，我们能够重新激活某个意向性。很明显，这种重新激活必定有某种神经学上的基础。在知觉中涉及的神经活动由于某种原因而被重新激活，有意识的知觉就被重演，它呈现它在原来的发生地呈现过的同一个对象。如果我们要忠实于现象，那么就必须如其所是地描述它，而不是把我们的意愿投射到它上面。我们的确通过记忆而延伸到过去；我们把一个消逝的世界还有其中的某个情境带了回来。我们不仅能生活在当下，也能生活在过去。事实上，除非我们对于记忆唤回的过去有过一般的感觉，否则如何可能把"心灵图像"解释成关于我们在过去见过的某事物的意象呢？我们的过去感怎么会为我们出现呢？过去的维度或视域通过回忆而被给予我们，如同我们已经按照现象学方式所描述的那样。

在记忆中，曾经被我们感知的对象是作为过去的、作为被回忆的对象而被给予我们的。而且，它如其当时被知觉到的那样而被给予；如果我见过一次车祸，现在我从同样的角度，从我当时看到的同样的侧面、视角面和外形来回忆它。于是，同一场车祸被再次呈现给我，并且，如果需要我来作证的话，我可能要多次重演这个事件，以便尽力把细节都回忆起来。（"尽量回忆一下：行人是在红绿灯变化之前还是之后横穿马路的？"）当我重复这个事件的时候，我并不是在审视一种内在的图像，而是在努力让我当时的知觉再次运行起来，把当时看到的事情带回来，而且是以我们回忆各种事物的方式来做这些事情。当然，差错会悄悄混进来：我常常把我想要看到或者我认为我应该看到的东西投射到被回忆的事件上。我在记忆和想象之间摇摆。记忆都是出了名地难以把握；它们不是可以预防胡乱篡改的，这些的确是记忆的局限。然而，记忆经常出现错误并不意味着它们不存在，也不意味着它们总是错误的。只是因为存在有记忆，所以它们才可能在有的时候是欺骗性的。而且，记忆是正确的和错误的方式，不同于知觉中的是正确的和错误的方式。记忆把一种新的多样性引入进来，把同一性所具有的新的可能性引入进来，于是，出现差错的新的可能性也就产生了。现象学的任务，就是阐明在记忆中发挥作用的诸多结构，并且把它们与知觉和其他类型的意向性中起作用的结构区别开来。

到目前为止，我们对回忆的探讨一直关注的是意向对象方面，关注的是被回忆的对象。在说到回忆不是对于某个意象的知觉而是对于某个知觉的复活时，我们已经提到了意向活动方面。现在必须更进一步地转向主体方面来探讨作为回忆的执行者的自我。通过记忆产生了对象的新维度，但同时也产生了自我的新维度。

在回忆过去的什么事情的时候，我也把我自己移置到过去。于是，在此时此地的我和当时的我之间就出现了差别：此时的我坐在椅子上，知觉到墙壁和窗户以及周围的声音，而昨天的我在威斯康辛大道与马科姆大街交界处目睹一场车祸，上周的我在因为离别而感伤。对于以前的知觉的复活，涉及对于那个时刻正在知觉的我自己的复活。正如过去的对象被再次显露出来，我的过去的自我作为过去的那个经验的执行者也被再次显露出来。某种差别通过记忆而被引入到回忆的自我和被回忆的自我之间。

我们可能很容易认为，我的"实在的自我"是此时此地的这个自我，也就是进行回忆的自我，而那个重新被激活的自我仅仅是意象之类的东西。然而这种看法是不准确的。更合适的说法是，我的自我就是在此时正在回忆的我自己和那个被回忆的彼时的我自己之间被构成的同一性。我的自我，这个自我，恰恰是在知觉和记忆之间发生的相互作用中确立的。这种移置——把我自己移置到过去——将一个全新的维度引入我的心灵生活或说内在生活。我没有被限定在此时此地；我不仅能够指涉过去（我们还会看到，我们也能指涉未来），而且还能够通过记忆而生活在过去。

在有些时候，这种生活在过去之中可能是一件令人烦恼的事情。如果我们曾经做过一些让我们深感羞耻的事情，或者曾经深陷于创伤性事件，我们就可能无法使自己摆脱这些经验。它们有助于构成我的自我，我无法挣脱它们；无论我们走到哪里都带着它们。我们和这些经验形影不离。登山家彼得·希拉里在谈到他在喜马拉雅山与死亡擦身而过的经历时说："有时候，死里逃生是在今生今世中要扮演的最痛苦的角色。你……在心里重复这些临近死亡的情景，一次一次又一次地重复。"（《强大的珠穆朗玛，脆弱的我们》，发表于《纽约时报》，1996 年 5 月 25 日，星期六，A19 版）。一个参与了杀害俘虏的人说："许多夜晚我都睡在布宜诺斯艾利斯的露天广场上，拿着一瓶酒醉饮，试图忘记一切。我毁了我的生活。我必须没日没夜地开着电视或收音机，或者让什么事情来分心。有时71 候我害怕独自面对自己的思绪。"（《阿根廷人讲述解决"肮脏战争"的俘虏》，发表于《纽约时报》，1995 年 3 月 13 日，星期一，A1

版）。一个遭遇车祸的人说："有好几个月了，我的脑海翻腾着撞车时刻的慢动作。"当我们重演记忆中的有些事情的时候，我们就像是旁观者，然而并非只是旁观者，而且也不像是不相干场景的观众。我们被卷入到当时发生的事情里。我们就是被卷入到那场活动的同一个人；记忆把我们带回到当时当地的活动和体验之中。如果没有记忆和记忆所带来的移置，我们就不会作为自我并且作为人而得到充分实现，无论是好是坏。同一性的综合既发生在记忆的意向对象方面，也发生在记忆的意向活动方面。

想象和预期

记忆和想象在结构上非常相似，一个很容易滑入另一个。我们在记忆中发现的那种自我移置，同样也发生在想象那里。在这两种意向性形式中，此时此地的我可以在精神上生活在另外一个时间和地点：在记忆中，彼时彼地是特定的和过去的时间和地点，然而在想象中，彼时彼地是一种"无时无地"，但即使是在想象里，它也不同于我实际居住的此时此地。甚至就在我生活于现实世界的时候，我已经被移置到一个想象的世界。而且，想象中的对象、想象的对象有可能取自于我的现实知觉或者取自于我的记忆，但是此刻它却被投射到不曾发生过的情境和活动之中。

记忆和想象的主要差别在于它们各自固有的信念样态不同。记忆是与信念一起运作的。我唤起的记忆，或者闯进我脑海的记忆，都是对于真实发生过的事情以及我经历过或者做过的事情的记忆。实际情况并不是我先有了记忆，然后再把信念加给它们；相反，记忆原本就是和信念（关于事情原来如何的信念）一起到来，正如我的知觉与信念（关于事情现在如何的信念）一起产生。所以，有时候我们不得不努力删除记忆中的信念，或者将其转换为另一种样态，例如怀疑或否定。

　　另一方面，想象充满了一种对于信念的中止，一种向"好像"样式的转变。这种样式的变化是一种中立化，但是不同于在先验还原中开始发挥其作用的那种中立化。在想象中，我把自己移置到一个想象的世界，但是我周围的现实世界仍然作为被相信的、缺省的语境——我在其中进行想象，并从那里位移开——而保持着。我所想象的全部事物都充满了一种非现实感；被想象的事件并没有给我带来真正的遗憾或恐惧，也就是我在过去经历的可怕事件能够让我遭受到的那种遗憾或恐惧。过于活跃的想象可能会扭曲我的记忆，使我认为发生了实际上并没有发生过的事情，但是，只有在想象和记忆的确是两种不同的意向性的前提下，它们之间的边界才有可能被打破。

　　不过，甚至我在想象的时候，一切意向性所固有的同一性综合仍然生效。想象的对象经过对它的很多想象而保持同一。即使在想象中，多样性的核心之处也是同一性。我们可以拿走我们实际上知觉到的事物，然后把它们记入想象的情节之中，但是这些事物仍然保持同一；或者我们可以虚构出纯粹是想象的事物并将其置入想象的程式里，它们也始终保持同一。很明显，想象的对象不具有知觉对象的那种厚重的坚实性，因为我们可以幻想它们处在各种不大可能的境况之中，然而我们即使在进行各种想象的时候也不是完全自由的；我们想象的事物对我们能够就其做出的幻想是有所限制的。如果事物要保持其自身同一性，那么就不可能想象有些事情会发生在它头上；如果主张这些事情，那么该事物就会成为别的事物。我可以想象一只猫在空中飞行（尽管我不可能记得有一只飞行的猫），但是我不能真实地想象一只猫像一首诗一样被我朗诵，或者一只猫笑着与我交谈。猫不是那种能够被大声朗诵的东西，笑着谈话的猫简直不再是一只猫。以这种方式把诸多"观念"甚或意象混合起来的做法是没有任何意义的。

　　因此，想象也是在一种信念样态中运作，但是这种信念样态不同于知觉和记忆的信念样态；它是非现实的，仅仅是"好像"。然而，存在着一种必须贴近实际的想象形式，必须退回到信念样式之中的想象形式。这就是我们在计划某件事情的时候所展开的那种想象，在这种时候，我们想象自己处在我们能够通过选择而造成的某种未来状况之中。这是一种预期形式的想象，而且可以说，它把我们从缥缈的纯粹幻想带回到坚实的大地上来。比方说，假如我们要买一套房子。我们看过几套房，把可能的选择缩小到两三套，然后再权衡究竟买哪一套。作为其中的一部分，我们的权衡包括想象我们自己在每一套房子里生活，使用其房间，在户外散步，如此等等。这样的心理投射返回到某种信念样式，与记忆的信念样式相类似的信念样式；我们回到信念样式，与现实感——这种现实是我们想象自己身处其中的现实——相关联的信念样式。如果我们是严肃地考虑购买房子，那么就不会想象自己像一只气球正在飘过这套房子，或者像一只白蚁正在爬过这套房子的墙壁。这类想象的投射对于梦想和幻想来说是完全可以的，然而在买房子的时候却没有益处。（有趣的是，我们注意到电视广告怎样利用幻想和严肃投射之间的差异。它展现出各种诱人的但全然非现实的情形——美女环绕的轿车，飞跃大峡谷的卡车，牙膏促成的浪漫奇遇——其目的就是让观众栩栩如生地想象自己身处未来，想象自己正在购买产品的情形。）

　　这种提前的经验——即提前经验处于某个新的境遇里的我们自己——是对自我的一种移置，不过它的方向恰好与记忆相反。我

73

们不是在复活以前的经验，而是在预期未来的经验。既然未来还没有被确定，我们可以栩栩如生地预期在几种可能的未来而不是唯一一种未来之中的我们自己：我们想象假如做出选择之后我们将会怎么样，而且，我们在这个时刻仍然能够想象处在几种不同的境况之中的我们自己。我们以不同的方式把自己投射到将来完成式。在计划购买一套房子的过程中，我们设想自己在这套房子的三个或四个不同的房间里居住；我们试试看它们是否合适。我们可能在实地看房的时候如此想象一番，要不然就是随后再来白日做梦似的想象住进来以后的情况会怎样。

　　我们可能认为这样的自我投射都是理所当然的，而且假定任何人都能够轻而易举地实行这种投射，但是在有些情况下，要能够有效地实行这种投射，还是得需要相当大的自我力量才行。对于某些人来说，在有些时候，栩栩如生地想象自己进入新环境所带来的紧张还是过于强烈了；他们会情绪崩溃，变得极度烦恼，他们的自我没有那种加带着同一性的灵活性，以便投射到他们尚未经历的环境之中。一想到换个工作或者搬到新住处或者离开某一个人，他们就会恐慌。死亡恐惧的一部分就在于这个事实，即我们的想象力在面对死亡的时候变成一片空白。

　　有人可能会提出反对意见，认为对于未来活动的权衡比我们以上所说的要更加理智一些。在进行权衡之时，我们制定出目标，开列出得失利弊的清单，计算出能够用来获得欲求之物的手段。我们掂量正反两面的情况再做出决定。这样的理性计算当然属于权衡的一部分，但是它作为关于未来的权衡所具有的整体意义首先是通过我们的想象投射而被给予我们的。只有在意识到正反两方面的信息与我们未来的存在方式有关的时候，这些信息的清单才是适用的，而我们的想象投射恰好向我们敞开了这个维度。我们提前尝试（sample）我们未来的自我。我们想象某些希求的满足。在有些情况下，我们可能发现我们的预期是非常错误的；事情可能并没有像我们想象的那样发生；然而这些差错之所以可能，只是因为我们首先正在与未来打交道。这个新的维度——属于拥有一系列可能性的未来的维度，这些可能性能够被我们的选择所决定从而成为现实——不是通过开列的理性的清单，而是通过想象的投射而被展现给我们的。只是因为我们能够想象，所以我们能够生活在未来。想象的投射也是促使我们做出这种或者那种选择的推动力量的一部分；常言说，我们感到一种特殊的将来完成式比其他的将来完成式更加"舒适"，因此我们也就倾向于做出导向这种未来状态的选择。理智的清单是在想象的预期的衬托下展现出来的。

自我的移置

在自我的移置中，此时此地的我能够想象、回忆或者预期我自己处在别的某时某地的境遇，因此，这种移置的形式结构使我们得以生活在未来和过去，生活在自由想象的无人之境。意识的这些被移置的形式都是基于知觉而派生的，知觉给它们提供了原材料和内容。而且，实际情况并不是我们首先仅仅生活在知觉之中，然后在有些时刻决定投入移置；相反，知觉着的自我和被移置的自我总是在彼此映衬。如果不是与想象、记忆和预期相对照的话，甚至知觉也不可能是其所是。所有这些意识形式都和意识的最初未分化状态有区别。而且，需要某种技巧才能够提出与每个形式相关联的信念样态方面的诸多差别。要想知道某些经验确实是过去的，要想知道某些经验只不过是幻想，这可不是人人都能够做到的。很多人认为梦境和白日梦都是对于非同寻常的事物的真实知觉。

75

　　每当我们生活在我们刚刚描述过的那种内在移置状态，可以说，这时候我们就是生活在两条平行的轨道上。我们生活在周围世界的直接性之中，这个世界以知觉的方式被给予我们；但是我们也生活在属于被移置的自我的世界里，生活在被回忆、被想象或者被预期的世界里。有时候我们可能会越来越深地陷入这个世界或者那个世界：我们可能会被直接围绕着我们的世界包裹得严严实实，以至于丧失了全部想象的超然；或者我们可能会越来越沉溺于白日梦和幻想，在实际上（但绝不是完全地）脱离我们周围的世界。此外，我们贮存的各种想象性意向有助于和我们拥有的各种知觉混合起来并且改变它们。我们以一定的方式来看各种面相，以一定的方式来看各种建筑和风景，因为在看到新事物并且把某种倾向性加诸其上的时候，我们以前看到的东西又重新苏醒过来。移置使得这样的情况能够发生。

　　在记忆、想象和预期同知觉分离之后，自我与对象、经验的主观极与客观极，都变成了容量要远远大得多的蓄水库，蓄积着多样的显象。所有这些结构和扩充都在自然态度中运行着，但是它们可以从先验的现象学态度出发得到辨识和描述。

　　现在让我们来说明一下第四章区分的自然态度和现象学态度如何以不同的方式来看待记忆；这一说明在这里——也就是本章的末尾——或许是有益的。对于自然态度来说，过去早已经是过去，它如今绝对不再存在。自然态度被当下所吞没。按照这种态度，我们拒绝把任何在场归于过去，因此，在试图解释记忆的时候，我们就倾向于把某种东西（意象、记忆的观念）设定成在场的替代品，让它来代替过去。我们到处寻找某种东西来代替我们所回忆的事件。

76　因此，试图从自然态度内部来探讨记忆现象，就会导致一种哲学的曲解，也就是曲解我们关于过去的经验。然而，从先验的视角，凭借它对于在场和缺席的更加精细更有分别的理解，我们能够辨识出缺席的过去为我们提供的那种特殊的在场。我们看到，没有必要把图像设定成过去对象的替代品，而且确实也不可能这样做。我们现在已经可以理解，这样的记忆上的意象都是不相干的。

我们还可以看到，我们在知觉之中所拥有的关于当下的经验，由于记忆里的过去之维而显明。因为我们意识到事情可能成为过去，所以在它们被给予的时候，我们能够留意到它们的在场：它们现在被给予我们，尚未逝入时间上的缺席状态。不只它们是在场的，它们的在场本身也成了对我们在场的。于是我们能够区别事物和事物的在场。可是话又说回来，如果试图在自然态度之内来理解这种在场，那么我们就会把它变成另一个事物（一种感觉材料，或者大脑里的意象），因为自然态度倾向于把它关切的任何东西都实体化。事物的在场（以及缺席）是如此微妙和脆弱，如此接近于无，以至于唯有现象学态度能够凭借自己对于出场具有的微妙性的敏感，找到适当的词项和语法来表达它。自然态度在这些事务上显得十分笨拙，它总是指望某种事物般的替身，让这个替身在作为接受者的我们和在场与缺席的事物之间充当中介。

第六章
语词、图像和象征

　　我们已经考察了知觉及其变体，不过，所有这些变体都属于我们的"内在的"生活：记忆、想象和预期。这种对于经验的内在重演，并不是意向性发生变化的唯一领域。知觉使我们接触到世界中的事物，知觉的变化形式则可能发生在诠释方面，即我们如何直接地诠释世界呈现给我们的对象。

　　有时候我们只是接受被给予我们的对象（一棵树、一只猫）。我们这时候进行的是简单的知觉。有时候我们改变我们对待正在被呈现的事物的方式：我们得到一些被给予我们的声音或者标记（mark），但我们不是把它们仅仅看成声音或标记，而是看成语词；我们看到一块木质面板，但是把它当作一幅图像来看待；我们看到一堆石头，但是把它当作一条小径的标识（marker）。在这些情形里，我们对知觉有所添加从而有所变更，但知觉仍然是这些意向性的基础。我们把奠基在知觉基础上的诸多新的意向性引入进来。我们继续知觉这些标记、木板和石头，但除了知觉它们之外，我们还以新的方式意向它们。当然，这些更高一级的意向性，与那些在记忆、想象和预期中起作用的意向性颇为不同，后者都是对于知觉的内在重演，而不是建立在知觉基础上的意向。

　　这一章要探讨的新的意向性类型，将会使我们看到更多的多样性，通过这些多样性，我们可以认定我们遇到的对象；我们还会看到其他的多样性，我们在其范围内确立我们自己作为人的同一性。

语词的在场

假定我们在看一张画有装饰图案的纸片：相互缠绕的花饰布满它的表面。我们知觉和欣赏这些线条的纷繁与雅致。然后，有些线条突然配成几个字："布利特宾馆"。这些字词从图案中跳出来。我们再仔细端详，发现装饰性线条中隐藏着一整句话："布利特宾馆价格最优惠。"原来这张装饰漂亮的纸片实际上是当地旅馆的一个隐性广告。

让我们这些哲学家感兴趣的，不是布利特宾馆的优惠价格，而是语词突然显现出来的时候发生的意向性的变化。在变化发生之前，我们仅仅知觉到眼前存在的某种东西。这一知觉是个连续过程，包括关注点的变化以及注意力从纸片的一个部分转移到另一部分的运动。但是当语词突然显现出来，我们就不再只是意向我们眼前的东西。一种新的意向开始活动，它使这些被知觉到的标记变成语词，同时使我们不但意向这些在场的标记，而且还意向缺席的布利特宾馆。这种新的意向被称作**符号性的**意向，因为它把意义赋予标记。它显然是一种空虚意向。它是一种被奠基的意向性，属于某种更大的整体的一个非独立部分，因为它依赖于把变成语词的标记呈现出来的知觉基础。

这样的符号性意向具有极其重要的哲学意义。我们必须通过一些比较来更加精确地界定它。

符号性意向和想象不是一回事。我们很可能会说，当语词出现在我们眼前时，我们突然拥有布利特宾馆的一个视觉意象，而这个意象就是这些语词的意义。这种解释是错误的：内在的意象并不

78

是语词的意义。我们可能会产生这样的视觉意象，不过也可能不产生，而我们仍然可以拥有同样的意义。我们在听到一个语词的时候所想到的意象有可能只是偶然地与该语词相联系，"布利特宾馆"的名字可能在我心里唤起约翰·史密斯也就是宾馆老板的意象。符号性意向之"箭"直接穿过被知觉到的语词而指向实在的布利特宾馆，而不是指向一个意象。布利特宾馆可能远在 50 英里之外，它甚至可能因为要建造公路而被拆掉了。布利特宾馆可能是缺席的，可是我们仍然通过这些显现的语词而意向它。我们能够这样空虚地意向；我们就是以这种方式造就的，而且这种能够意向缺席者的能力对于确立人的状况来说是一个主要元素。

79

　　由于某种原因，我们似乎抵制这种看法，即认为我们真正地意向缺席者。我们想要把某种在场的东西设定成语词的意义：一个意象，一个概念，一个感觉印象，或者语词本身。只要我们试图把空虚意向还原成其他形式的意向性，只要我们否认我们能够意向缺席者，只要我们试图找到在场的东西来充当缺席者的替代物，那么，通向正确理解的道路就被阻断了，也就是说，不能正确地理解我们是什么，意识的结构是什么。我们甚至不能够理解知觉，除非我们知道它的对立面即符号性意向是什么。我们必须更加确切地了解缺席者以及它在人的意识中扮演的角色。

　　此外，符号性意向也不同于那种伴随着知觉的空虚意向。当我看见一幢房子的正面时，我共同意向着它缺席的侧面、背面和里面，但是这种空虚性不同于使用语词的时候起作用的空虚性。渗透在知觉中的空虚意向都是连续而不断变化的。它们就像缓冲带或者晕圈，中心之处则是被给予的无论什么东西。它们逐渐给在场让路。言辞的符号性意向则相反，它是离散的、不连续的。它一下子作为一个整体意指它的目标。与知觉中的空虚意向相比，它更加精确更加明白地指定其目标。符号性意向不是平稳渐进的，而是起伏的，更可以认定为一：借助于"布利特宾馆"这两个词，我单单意味着布利特宾馆，没有任何更多的东西。因此，符号性意向把那些可以放入句法并组成陈述的诸多离散的意义确立起来。符号性意向是进入理性的入口，而渗透在知觉中的空虚意向仍然停留于感性。一旦我们渐渐理解到有些声音或标记是名称，意识到万物都可以被命名，我们就已经进入到一个与动物的知觉、呼叫和发信号完全不同的世界；我们已经进入语言的推理。

让我们回过头来想一下这个转换过程，也就是从我们对纸片上的标记的知觉，转变到通过线条中凸显出来的语词而意向缺席的布利特宾馆。我们经验到这种变化，我们大部分人都在某个时刻有过这种经验；不过，这种经验不必是令人激动的或者明显可以觉察到的。我们没有感知到这种变化发生在我们的胸部或者胸口，或者发生在我们的眼睛后面。这种转换完全是意向性的变化。它是从一种意向行为到另一种意向行为的变化，纯粹是理性上的变化。我们如何开始觉察到这些意向呢？我们是通过内省来"看到"它们的吗？它们是我们不知何故看到或感觉到的心灵之物吗？不。然而当这种意向在我们心里起作用的时候我们的确是知道的，我们的确知道我们是在知觉还是在进行符号行为。我们知道这两种行为的差别，也知道它们与其他意向例如图像行为和回忆的差别。当我突然把某个表面当作一幅图像来看待的时候，我不必感觉到什么东西，但是这种新的看待方式不同于旧的看待方式，也就是仅仅在知觉这个表面。

在我们采取先验态度之后，意向性之中的这些差别就成为我们直接注意的关注点。这些差别甚至是我们进入哲学思维之前就辨识出来的差别；在进行先验转向之前，我们已经知道观看图案不同于

80

观看语词，而且也知道观看一个表面不同于观看一幅图像。哲学把这些差别当作已经被给予的差别，并且系统地探究它们。哲学明确地转向这些差别。

现象学的批评者常常说现象学依赖内省，依赖对于主观的心理之物的直观。然而现象学考察的事物都是任何思想者和言说者已经辨识出来的东西，诸如知觉、符号性意向和图像性意向。现象学研究这些意向，研究这些意向活动，也考察它们的对象相关项，它们的意向对象，也就是由它们确立或瞄准的种种对象：知觉对象、图像、语词、言辞的意义以及言辞的所指。

上文提到我们突然在线条组成的图案中发现一个名称的时候所发生的事情，这个例子是当作引导性范例来使用的。我们时常会有这种发现，也容易理解这种发现；虽然它作为例子来说是有用的，但并不是我们典型的使用语词的方式。事实上，作为人，我们总是生活在言辞的方式中；语词不是零星的或者偶尔发生的事件。我们总是已经处在语言的样式中。我们总是在辨识周围的语词：出现在他人的闲聊和言语之中的语词，出现在告示牌上的语词（"出口""禁止入内"），还有我们内在的想象的生活之中的语词。我们周围总是充满语词，充满把它们作为语词而确立起来的符号性意向。甚至我们的知觉也由于它们发生的时候回想起来的语词而得到变更：当我们第一次看到我们以前听说过或者在书上读到过的遗址，例如一个战场遗址或者一位名人的故居，这时候，各种各样的名称和模糊的断言出现在我们心头，犹如一声枪响惊飞树上的一群山鸟。知觉性直观充实了许多空虚的符号性意向，又激发起更多的意向。

符号性意向的出现使我们有可能以一种特别属人的方式来知觉事物。符号性意向指向缺席的事物，但是这种意向也能够在知觉、直观中得到充实。我们已经注意到空虚意向和充实意向、在场和缺席在确立人的理性过程中的相互作用。在各种空虚和充实的意向当中，与符号行为相关联的意向是最严格意义上的属人的意向性种类之一。因为我们可以命名和联结缺席的事物，还可以走向该事物本身，看看是否能够在其在场的状态下、在它自己的明见性之中按照我们所听到的它在缺席状态下被谈论的方式来命名和联结它。我们追问符号性联结是否能够转变成知觉性联结。我们可以从他人那里获得有关事物如何存在的信息，然后走向事物本身，依靠我们自己来查明它们究竟是不是别人所说的那个样子。尤其是在语言上的缺席与在场的相互作用中，我们能够达到事物的更高形式的同一性。我们能够用语词来命名和联结，其精确程度要比单纯的想象或者预期大得多。

在结束有关符号性意向的讨论之前，还有一个要点需要指出来。我们已经注意到，当我们突然看到纸面图案上的"布利特宾馆"几个字样的时候，我们就不再只是意向这张装饰过的纸片，而是意向在其缺席状态下的布利特宾馆本身。符号性意向被指向这家宾馆。其次，同样的意向把有些标记确定成语词。最后，同样的意向把某个意义确定成该语词的一部分。因此，符号性意向引入三个元素：指称、语词和意义或含义。前两个元素即指称和语词似乎是没有争议的，但是第三个元素怎样呢？意义如何配合所有这一切？意义既不是那些标记（它们已经变成一个语词），也不是这家宾馆。82 意义似乎是介于语词和对象之间的某种奇怪的居间的存在体，这个存在体似乎是响应着符号行为而突然产生的。它似乎是某种心灵主义的（mentalistic）的存在物，人们所谓的"内涵"（intension）。这个意义在哪里，它属于什么类型的事物？它是在心灵之中还是在语词之中？它真的存在吗？言辞的意义所具有的地位问题，在哲学上是一件令人困惑的事情。我们现在注意到这个问题，但是在这里暂时不予讨论；我们将在第七章对它进行更为详尽的考察。

图　像

如果说语词有时候会让我们感到吃惊，会跳出纸面，那么图像也能够如此。假设我们正在端详前面说过的那张有装饰图案的纸片，突然，除了"布利特宾馆"这几个字之外，哈里·杜鲁门总统的头像也在线条网络中显现出来。也许布利特宾馆的老板想要暗示杜鲁门总统曾经在这家宾馆住过。我们现在不仅看到语词，还有图像在我们面前表现出来，与此相应，我们不仅进入符号性意向，而且还进入图像性的意向性或者说成像的意向性（imaging intentionality）。知觉仍然是它们的基础，然而这两种意向活动即符号行为和图像行为是彼此不同的。把某事物当作语词来看待，不同于把它当作图像来看待。而且，图像意向性并不罕见，也不令人吃惊，它在我们的意识生活中很常见；我们周围到处都有图像。我看到这里有照片，那里有风景画，在我的书架上方的墙壁上还有弗朗西斯·培根的画像。

符号性意向和图像性意向有很多差别。在符号行为中，意向性之"箭"穿过语词而指向缺席的对象。它是指向外面的。它离开我，离开我这里的境遇，走向别的地方的某事物。但是在图像行为中，箭头的方向正好相反。被意向的对象被带向我，进入到我自己的临近处：在一块画板或一张纸片上，对象的在场在我面前被具体化。符号性意向向外指向事物，而图像性意向则把事物拉到近前。两种意向行为的方向不同。在图像那里，我意向此时此地而非彼时彼地的弗朗西斯·培根；在彼时彼地的弗朗西斯·培根被呈现在此时此地。

　　符号性意向和图像性意向的另一个差别在于，前者一下子指向 83
作为整体的对象（当我说出布利特宾馆的名字，我意指的就是地地
道道的布利特宾馆，而不是任何特殊角度下的这家宾馆），图像性
意向则呈现在一定的视角下、按照一定的眼光、带有一定的姿态、
在一定的时刻、带有某些凸显特征的对象。图像行为更加具体，而
符号行为更加抽象。

　　进而言之，图像性意向比符号性意向更加近似于知觉。图像性
意向非常像是在观看或聆听事物，当然，我们并没有真正地看到或
者听到它，因为被给予我们的只是图像而不是事物本身，但是图像
被给予的方式与事物本身被给予的方式有诸多类似之处。如同知觉
那样，图像性意向是连续的，我们可以关注图像的一个部分或者另
一个部分，图像可能是清晰的，也可能是模糊褪色的，它的诸多部
分可能得到或多或少鲜明的联结。不过，图像行为和普通的知觉行
为还是有差别的，例如，对于被描画的对象来说，不存在"立方体
的另一个侧面"；图像画在上面的木制画板才有另一个侧面。被图
像化的对象的各个侧面、视角面和外形都是被描画出来的东西。

　　符号行为和图像行为是两种不同的意向性，但是它们可以相
互作用。我们可以使用语词来谈论一幅图像，这时候我们可能谈论
它的物质材料，或者谈论它的内容。图像行为包括对于基底或载
体（木画板或者彩纸）的知觉以及对于被描绘对象的意向［弗朗西
斯·培根，维温侯公园（Wyvenhoe Park）］。我们可以把我们的言
辞意向指向图像的基底，或者指向图像的主题：我们可以把图像中
的培根描述成害羞的、倨傲的，或者是年迈的，可以把维温侯公园
描述成绿树掩映着房舍、牛羊在草场上吃草的景象。但是我们也可
以说这幅油画出现了裂纹，蓝色块与白色块的对比很明显。观看油

画的某种乐趣来自关注点在油画的主题和基底之间的变换：我们可以走到距离油画很近的地方，或者可以缩小视野，集中关注油画的材料基底，欣赏这些特殊部位上的笔触和色彩；然后我们退回到距离油画远一点的地方，观看更为宽广的整体，同时始终保留着刚刚获得的对于这幅画的材料性状的把握。基底与形式之间的相互作用

84 增强了艺术作品的在场，而且，这种相互作用之所以可能，正是由于我们把各种符号性意向对准我们正在观看的事物。

符号性意向和图像性意向的相互作用也发生在我们认定图像描画的是什么的时候。如果我们举起一幅布鲁克林大桥的图片问道："这是什么？"人们通常会回答："布鲁克林大桥。"然而严格地说来，这只是其中的一种可能的回答而已。某个人完全可能会回答说"这是一幅画"，或者说"是一张纸"。人们一般会将其认定为布鲁克林大桥，因为人们假定回答者应该进入到似乎是由问题预设的图像性的意向性之中。图像的在场具有两可性，这表明我们的日常经验中总是有很多意向性在起作用。

最后我们还要注意到，图像行为不仅仅是建立在相似性的基础上。一幅图像可能像它描绘的事物，然而它并不是由于相像而成为一幅图像；一对孪生姐妹彼此相像，但是其中一个并不是另一个的图像。是一幅图像并非只是像别的事物，它是对于被描绘的事物的呈现。比如说，我看到哈里·杜鲁门的一张画像，我看到的是按照其个性特征被描绘的**杜鲁门**，而不只是看到某种看起来像他的东西。

指号、象征或信号

假如我在沿着一条山道行走，看见一堆大约 18 英寸高的石头，

我把它当作我仍然行走在山道上的符号（sign）。我还会向前看，试图看见另外一堆石头或者树上的标记，以此确认这条山道的延伸。这堆石头不是语词，也不是图像；它是另一种符号。在现象学中，这样的符号被称作**指号**（indication），但是我们也可以将其称作象征或者信号。它们带出另一种意向性，即象征的或者指示性的意向性。

指示性符号一般把我们指向缺席的对象（一缕头发使我们回忆起某个人，一面四星旗代表一位陆军上将），这一点和语词相似，但是也有不同之处，因为它们没有非常明确地具体指定我们如何去意向那个对象。它们只是让心灵想到被指示的对象。相反，语词通常为我们联结对象；它们给对象命名，然后就该对象有所言说。在命名某事物的时候，我们通常准备用它进行述谓，而且，即使单个的词语通常也呈现在某个方面上的对象，例如"dog"（狗）和"cur"（杂种狗）指称同样一种动物，但是带有不同的含义。不过，象征仅仅使我们指涉对象并且止步于此。它只是标示对象并把对象带给我们的心灵，但是没有对该对象做出任何具体的限定。

指示性符号和语词之间的一个重要差别在于，前者没有进入句法，而后者本质上是句法性的。象征没有进入语法。的确，一个指号可以引向另一个指号（这一堆石头使我们寻找下一个山路标识，赛跑的发令枪声要求赛程结束时的挥旗信号），然而这是串联（concatenation）而非句法。没有不同的方式可以把一系列象征组合起来；它们只是按顺序放置，比如放在赛跑的起点和终点。语言中的句法则容许很大的灵活性；我们可以用很多不同的方式来意向一个事物，因为我们能够通过语言的语法来联结它，但是象征却没有任由我们以这种方式来塑造事物的在场。它们只是把事物带向心灵，使我们想到事物。

多样性的丰富，同一性的增强

我们在第三章考察过在显象的多样性中被给予我们的同一性。单个的立方体通过一系列侧面、视角面和外形而被给予我们。现在我们又考察了知觉可以发生的诸多变更，我们看到，在事物由以被呈现给我们的多样性当中，侧面、视角面和外形的多样性只不过是其中的一些而已。本章以及第五章考察的这些意向性都拓展了显象的多样性，现在可以把这些形式总结一下。在我们的内在生活中，经验可以在下列方式上得到变更：

1. 知觉
2. 回忆
3. 想象
4. 预期

同一个立方体可以通过许多视角而被知觉，还可以被想象、回忆和预期，而且在所有这些经验中它都是同一个立方体。

86　　然而，知觉的这些"内在的"变更毋宁是属于感性的层面。它们在确立人的状况的时候是非常重要的，而且它们还以简单的形式出现在高级动物那里：狗会做梦，猫有某种等待感，即伏击老鼠的能力。我们在这一章探讨的另一类意向都是建构在知觉基础上的，也是更加理性的和属人的意向：

1. 知觉
2. 符号行为
3. 图像行为
4. 指示行为

以上两组意向中的所有变体都是相互依赖的。没有想象和预期的话，我们就不可能有记忆；同样，如果没有能力实行符号性意向，没有能力建立和辨识指示性符号，那么我们也就没有能力实行图像行为。我们和世界之间发生的知觉交往分化成我们内在生活中的诸多变化形式——我们以这些形式把自己移置到被回忆、想象以及预期的境遇——也分化成我们对待世间事物的方式上出现的诸多变化形式：把特殊事物和事态符号化，把缺席的事物图像化，把不能图像化或者不能带入语词的事物象征化。

于是，同一个对象或者事件可以被象征、被图像化，以言辞的方式被意向，也可以被知觉；它也可以被想象、被回忆和被预期。它历经所有这些变换而依然是同一个事物。我们不是看到我们把很多不同的显象与同一个事物联系起来，而是同一个事物本身就在各种新的方式上被给予。在这种呈现之流中，同一个事物被一次又一次地辨识出来。它自己的同一性得到增进和强化。我们甚至可以说，它的存在通过呈现的多样性的丰富而增强，因为一个事物的存在是与其真理相关的，随着它的各种展现被扩大，它肯定会享有更多真理。莎士比亚的名剧《仲夏夜之梦》在经过几个世纪的诠释和演出之后，获得的真理比以前更多。动物和人在经历过种种生活事件而表现它们自身之后，获得的真理比以前更多。与真理相关联的 87
现实使得感知者趋于完善，也使得被展现的存在体趋于完善。

这里探究的各种各样的意向性在我们仍然处于自然态度的时候就已经实现了。我们进行知觉、想象、回忆和预期，我们也实行符号行为、图像行为和象征行为，同时保持着自然态度的特征，即世界信念和指向世界的关注。在这里考察的各种同一性，也都在我们仍然持有自然态度的时候就被给予我们：山路的标识、弗朗西斯·培根及其肖像、维温侯公园以及描绘它的油画、布利特宾馆及其名称，所有这些都通过我们在自然态度下遇到的诸多层次的显象而得到辨识。然而，对于所有这些活动、多样性和同一性的反思性描述，都是在先验的、哲学的态度上实施的。作为哲学家的我们离开所有这些意向性及其对象，与它们保持一定的距离；我们从另一种观点出发来沉思、辨别和描述它们，这种观点不同于我们在实现这些意向性及其对象的时候所采取的观点。我们中止各种自然的意向性，把它们关联的同一性都加上括号；我们还拆解开各种复杂性，它们构成我们的状况——作为理性的人，拥有世界，并且经验世界中的各种事物。我们提供了一种意向活动的分析以及意向对象的分析，从而阐明在世界中作为表现的接受者是什么，澄清对于存在者来说存在以及显明是什么。

第七章
范畴意向和范畴对象

第五章和第六章探讨的意向性种类是颇为丰富和具体的。我们考察了想象、图像行为、记忆，还考察了另外一些在我们的经验中都是熟知的元素。这一章将要转向一种更加严格、更为纯粹理性的意向性，也就是现象学所谓的**范畴**意向性。这是对事态和命题进行联结的意向，是我们在进行述谓、联系、汇集以及把逻辑操作引入我们经验到的东西的时候发挥作用的意向。举例来说，我们将要考察这两种意向活动的差异：一种是对于某个对象的简单意向，另一种则是形成有关这个对象的判断。

我们想到"范畴的"（categorial）这个词与希腊词"katēgoreō"有渊源关系，"katēgoreō"本来的意思是指责或者控告某人，公开陈述某种属于此人的特征，例如说他是一个杀人犯或者是一个小偷。在哲学上，这个词逐渐意味着关于某事物有所言说的行为。在现象学那里，"范畴的"这个术语利用了这个词源。它指的是那种把某个对象加以联结、把句法引入我们所经验到的东西之中的意向活动。一幢房子是一个简单对象，然而这幢房子是白色的事实则是一个范畴对象。"费多"或"狗"的词义是一个简单意义，但是"费多饿了"或者"狗是家畜"的意义则是范畴性的。当我们转向范畴的领域，我们就从简单的、"单线的"意向来到复杂的、"多线

的"意向。我们如何从简单意向走到范畴意向？我们如何把句法注
入我们所经验到的事物之中？我们如何从知觉转向理智活动？

89 　　我们现在要研究的问题是对第六章引入进来的符号性意向的
发展。与语词相联系的符号性意向，实际上总是使我们进入句法以
及范畴形式。我们几乎从来都不是只说单个的词语，当我们只说
出单个的语词时，这个语词往往是充当惊叹词或者感叹词（"糟透
了！""麻烦！""快点！"），而不是一个充分有效的语言学单位。在
使用语词的时候，我们最为充分地发挥了我们的人性，也最为强烈
地表现为理性的动物，而且，对语言的使用还涉及我们的真理和思
维的成就；因此，有关范畴意向性的探讨不仅在现象学那里极具重
要性，它对于我们研究人的存在是什么以及表现的接受者是什么来
说也是十分重要的。此外，特别是在其有关范畴意向的研究方面，
现象学为走出现代哲学的自我中心困境提供了资源。现象学的一些
最具有原创性以及最富有价值的贡献，都可以在它提出的范畴意向
学说那里找到。

来自经验的判断之发生

　　在考察范畴意向的重要性之前，让我们先来尽量完整地理解范
畴意向是什么。范畴意向如何产生于我们有关简单对象的经验？要
弄清这个产生过程，我们必须辨别三个阶段。

　　假设我们正在感知一个对象，比如说，我们正在看一辆轿车：

　　（1）首先，我们仅仅是以一种相当被动的方式来观看这辆车。
我们的目光从车子的一个部分移到另一个部分，经过侧面、视角面
和外形的多样性，看过车子的颜色、光滑度、闪亮的外壳，我们感
觉它的硬度或软度。所有这些都是一个连续的知觉过程，都是在一

个层面上实施的。在我们持续地进行感知的时候，没有任何特殊的思考参与进来。此外，当我们历经各种呈现的多样性时，同一辆轿车作为多样性中的同一性而被持续地给予我们。

（2）现在，假定这辆轿车表面的有些擦痕引起了我们的注意。我们的注意力集中在这些擦痕上面。我们凸显轿车的这一部分；不仅仅是凸显这个空间部分，而是凸显这个空间部分里的这个特征，这片擦伤。这种关注完全不是先前发生的漫无目的知觉；这种凸显在性质上不同于此前持续进行的知觉。然而，这还不是范畴对象的确立。迄今为止，我们还处在中间点上：我们继续经验轿车的诸多显象，继续辨识出所有显象之中的同一辆轿车，但是我们现在已经把注意力集中在其中的一个显象上，并且把它带到中心位置；它从其余的全部显象中卓然凸显出来。有一个部分进入整体背景衬托下的前景之中。

（3）要确立范畴对象，还需要一个进一步的步骤。我们中断持续的知觉之流；我们回到整体（轿车），我们现在恰恰把它当作整体，同时还把受到凸显的部分（擦痕）当作这个整体中的一个部分。我们现在把整体记示成包含着这个部分的整体。整体和部分之间的一种关系得到联结和记示。在这个时候，我们可以宣布："这辆轿车是有损伤的。"这种成就就是**范畴直观**，因为范畴对象即在其联结之中的事物被变成实际对我们在场的。我们不仅仅使**这辆轿车**对我们在场，而且还使**这辆轿车是有损伤的**变成在场的。

在这第三个阶段上发生的是，整体（这辆轿车）特别地作为整体而被呈现，部分（有损伤的部分）特别地作为一个部分而被呈现。整体及其部分被明确地区别开来。它们之间的一种关系得到明晰的记示。一种联结得到完成。一项事态"咔嗒"一声就位了。我们已经从感性转到理智活动，从单纯的经验活动转到一种初始的理解活动。我们已经从单线意向性即知觉转到多线的意向性即判断。我们已经进入范畴思维。

在第一和第二个阶段，整体和部分都已经被经验或者体验过，但是我们没有使之成为论题。严格地说，它们还没有得到联结。即使在第二个阶段，当部分已经被带到前台的时候，它被凸显出来，但是仍然没有被明确地作为一个部分而得到确认。这个部分被带到前台，但是它作为部分的存在并没有被带到前台。在这个阶段，可以说部分正在准备作为一种属性而得到确认，但是它还没有被如此认定。在第三个阶段，整体和部分得到明确的联结。

不过，我们应该注意，如果没有第二个阶段提供的准备，没有对结构的最初的一瞥，没有超出简单的连续知觉而对于某个特征的关注，那么也就不可能达到第三个阶段。第一个阶段没有被充分地分化以至于直接产生出范畴的结构。在第二个阶段上发生的特别关注是必需的。我们必须开始经验整体之中的一个部分（擦伤），然后才能做出这样的联结（"这辆轿车是有损伤的！"）。

我们刚才的描述包含着大量哲学材料。我们描述了当我们从简单知觉转到范畴意向即思维的时候发生的意向性的转换。我们所描述的意向性的成就，乃是人的语言和言语的思想基础。语言并不是凭借它自己而飘浮在我们的感性之上；我们之所以能够使用语言，就是因为我们能够进行这种构造范畴对象的意向活动。界定着语言的句法，被奠基在范畴意向中所发生的对于整体和部分的联结之基础上。语言中的句法表达着在范畴意识那里被显示出来的整体与部分的诸多关系。我们之所以能够交流，能够告诉别人说"这辆轿车是有损伤的"，就是因为我们有能力从知觉走向范畴思维。实际情况并不是因为我们有语言，所以我们能够思维，而是因为我们能够思维，因为我们有能力达到范畴意向，所以我们有语言。理性意识的能力支撑着语言的能力。的确，我们继承下来的语言迫使我们的范畴活动朝向这个或那个方向，进入这些或那些范畴形式，然而，能够拥有语言的能力却是建立于我们在范畴领域所享有的那种意向性的基础之上的。

我们需要花费一些时间才能讲清楚这种从经验到判断的转变具有哪些含义。首先应该注意，向范畴领域的转变与此前正在发生的经验明显是不连续的。转入范畴领域不是意味着更多的知觉；它并非只是进一步展开那些在知觉中被给予的多样性。在上述第三个阶段上，当我们回到整体，并把它确切地记示成包含着有关的部分在内的整体，这时候，我们中断了知觉的连续性。我们在一个新的层面上重新开始；我们回过头来查看我们一直在经验的东西，而且还开创一个新的同一性层面。这个新的开端安置了一种新的意识，也把一种新的对象即事态当作这个意识的对象相关项安置下来。

第二，被记示的事态（即这辆轿车是有损伤的）是个"一"，是一种"统一性"。该事态之为统一性的方式不同于在知觉中被给予的同一性。这是一种被提升了的统一性。它更加离散，更加可以认定。持续的知觉只是随着越来越多的外形被给予的时候才不断持续着，这个过程本来可能无限延续下去。但是，现在我们有了单个事态（"这辆轿车是有损伤的"），可以说，这个事态能够被收拾起来到处携带；它可以脱离知觉的直接性，脱离我们目前的境遇。它可以在交往中传达给其他人。（相反，我们不可能真正地把我们的知觉或者记忆移交给其他人。）它可以在逻辑上与我们记示的其他事态联系起来。同一性论题——这个论题即使在知觉那里也是相当重要的，在知觉中，同一性是通过多样性而被给予的——需要一种新的意义以及新的强度层次。我们现在得到的是范畴意识中的同一性，通过言语而被呈现、保存和传送的同一性。

第三，范畴对象的同一性是被一次性地呈现的。在知觉那里，我们经过一个过程，诸多外形在这个过程中一个接一个地相继呈现，然而在范畴记示中，整体和部分则是同时被给予。这里的实际情况并不是我们首先拥有全然单独的整体（"这辆轿车"），然后作为一项分开的成就，再拥有部分或谓词（"损伤的"），接着再得出两者之间的关系（"是"）。相反，即使在我们把这辆轿车作为整体来记示的时候，我们必定已经在心目中拥有部分。整体-连同-部分（whole-with-part）是一次性地、同时地到来。当我们得到一个呈现给我们的被联结的整体时，我们不是先有整体然后再有联结。如此的整体仅仅作为被联结的整体而呈现。范畴对象的这种同时性是它的离散性的又一个方面，必须将其与知觉经验的连续性特征加以对照。

在现象学术语中，范畴对象的确立被称作**构造**。不要把"构造"一词理解成一种创造，或者是把各种主观形式强加于实在。在现象学那里，"构造"一个范畴对象意味着使它显露，联结它，展示它，实现它的真理。我们不能按照我们的喜好随意表现事物；我们不能让对象来表示我们所希望的随便什么意思。我们让事物显露，把它带到光亮之处，仅当该事物在某种光亮之中呈现自己。如果我们想要能够断言事物有某些特征，那么该事物就必须显露出我们能够注意到的某些方面。如果我们没有经验过类似于车上的擦痕那样的东西，我们就不会把这辆轿车构造成有损伤的轿车。当然，我们有可能被虚假的显象误导，在这些虚假的显象中，轿车只不过似乎是擦伤了，于是我们就可能在它实际上没有损伤的情况下错误地宣布它是有损伤的。但是，我们以后可以把这种错误纠正过来，例如通过进一步更加仔细地观察，或者通过听取其他人的看法，或者估算出实际情况必定如何，然后纠正错误，于是我们将会逐渐看到我们原来是错误的。我们必须服从于事物显露它们自己的方式。在这个方面的服从并不是为了给我们的自由加上种种限制，而是要达到我们理智的完善，我们的理智就其本性来说是与揭示事物的存在方式相配合的。在这个方面的服从，就是要带来客观性的胜利，而这是我们的心灵应该做的事情。去"构造"一种事态，就是去运用我们的理解，而且要让事物向我们表现它自己。

关于"构造"这个术语，还有几个要点须作进一步的说明：从经验到范畴对象的发展被称作**发生性构造**，因为其中有几个阶段，较高级的对象性通过这些阶段从较低级的对象性那里发展出来。范畴对象和范畴意向显然奠基于简单对象和简单意向。它们是**非独立的部分**。人的理智活动建立在感性活动的基础上。最后，**述谓的意向性**（predicative intentionality）——我们以这种意向性来述谓对象的特征并宣布"S 是 p"——是范畴活动的显著形式；相反，"**前述谓的**"这个词则用来指称那种先于范畴活动的经验和意向性。现象学的一个主要课题就是"前述谓的经验"，也就是先于各种范畴成就但又导向范畴成就的经验。

新的同一性层面，新的多样性

我们对范畴意向性的分析停留在述谓方面，然而一旦进入这种更高层面的意识形式，还会发生很多其他种类的联结。除了说"这辆车是有损伤的"之外，我们还可以联结这辆车的其他内在特征："这辆车很大""它很旧""它是一辆福特车"。我们还可以联结它的外在关系："它在停车场""它挨着一辆本田车""它比我的卡车小"。我们可以把它包括在一个集合里面："有五辆轿车""三辆车似乎受了损伤"。我们可以引入主句和从句、连词、介词、关系代

94

词和关系从句、副词、形容词以及其他语法要素，所有这些都表达了事物得以被联结的各种方式。范畴的领域非常宽广，如同人类语言的语法那样宽泛。

存在着各种各样而且有所差别的范畴联结，但是整个范畴联结的领域，连同图像行为和象征行为，都依赖于"较低级"的意向性即知觉、想象、回忆和预期。范畴的语言学意向性使我们的知觉、想象、回忆和预期都变得人性化；与这些意向在动物王国达到的水平相比，范畴意向性把它们提升到一个更加理性化的层次。范畴意向引入新的多样性，这些多样性补充和渗透前述谓经验中的多样性。

范畴意向性本身就是一种新的认定，一种新的同一性综合，它也补充和渗透前述谓经验中达到的认定和同一性综合。当我们范畴性地意向立方体，我们得到的不仅仅是通过侧面、视角面和外形的多样性而被知觉到的立方体的同一性，同时也是通过记忆、想象和预期的多样性而得到的同一性。我们还拥有通过各方面的陈述（我们能够提出的有关陈述、我们能够听到的其他人从别的观点出发提出的陈述）和充实（我们听到他人的说法，然后力图经过亲自观察以及直接为我们自己进行的联结，确证他人的意见，从而获得的充实）而达到的同一性。表现与真理的一个全新范围就在范畴领域中敞开了。甚至我们的想象、记忆和预期也都开始带上范畴的复杂性：我们不仅可以预期"水"，而且可以预期"出自山泉的凉水"。在人的意识中，知觉、想象、回忆和预期都表现出它们受到的规整所产生的效果，而这种规整的方向，就是要让它们在理性思维中达到完成。我们对于这些意向活动的运用方式，是由它们在范畴意向性之中的牵连所塑造的。

在范畴意向中发生的事情，就是我们知觉到的事物被提升到理

性的空间，也就是逻辑、论证和理性思维的领域。范畴经验是从知
觉引向理智的过渡点，是语言和句法开始起作用的地方。通过范畴 95
联结，我们知觉到的事物得到记示，并且被容许进入推理和交谈的
领域。简单的知觉在很大程度上是一个生理学和心理学过程，而范
畴记示则是进入逻辑的第一个举动。

我在第三章谈到的对象是在多样呈现的范围之内的同一性，当
时我坚持认为，同一性通过诸多侧面、视角面和外形而被给予，然
而同一性本身从来不是作为其中的一个侧面、视角面或外形而显露
的。对象的同一性属于另外一个维度。但是，在我们给对象命名并
将其带入范畴联结的时候，我们指涉的正是这个同一性。因此，在
侧面、视角面和外形的多样性之中并通过这种多样性而在知觉上被
给予的立方体，就是我们说出"立方体"这个词并且开始述谓它的
特征之时所指涉的同一性。立方体的同一性是知觉和思想之间的
桥梁。

范畴对象

通过范畴意向，我们确立范畴对象。我们构造事态，例如这样
的事实：这辆轿车是有损伤的。这些范畴对象确实是对象；它们并
非只是概念和观念的排列。它们不是"内心的"对象，而是在我们
遇到的事物那里发生的理智结晶。在范畴活动中，我们把事物被呈
现给我们的方式加以联结；我们揭示世界之中各种事物的关系。而
且，无论是意向在场的事物还是缺席的事物，我们都有这种指向世
界的关注。必须强调这个事实，即范畴对象是事物显现的方式；它
们不是主观的，不是心理学意义上的"心灵之中的事物"。

为了阐明范畴对象的客观性，让我们来考察另外的一些例子。

我们已经谈论过"这辆轿车是有损伤的"这句陈述所表达的事态。我们再举一个例子,假设我和其他两个人正在进行一场讨论。在讨论过程中,某种可疑之处开始浮现出来;他们正在说的以及说话的方式都流露出某种奇怪的东西。这个居间的阶段就像我们前面讲到

96 的事例所包含的第二个阶段,也就是轿车上的擦痕开始吸引我们注意力的时候。于是,我突然记示情况:"他们正在设法欺骗我!"这个事态"咔嗒"一下子就变得清楚了,一个范畴直观也就形成了,整体与部分得到联结,句法被安置在我经验到的东西里面。

再举一个例子。假设我正沿着山道往前走,看着道路两边的岩石。突然我意识到那边的东西不是一块岩石而是一块化石。于是,相当被动的知觉层面——通过很多外形而持续认定同一个对象——就被对于这个事态的记示所取代,"这不是一块岩石,而是地里的一块化石!"

我们考虑的这几个例子——有损伤的轿车、欺骗的行为、化石而非岩石——都是对于我们面前的事物的联结。它们不是心灵的存在体,不是心灵之中的意义;它们是事物正在被呈现给我们的方式上的变更。这些变更、这些在呈现的方式上发生的变化,都是"在世界之中的"变化,然而很明显,它们不是以一棵树或者一张桌子在世界之中的方式而在世界之中。相反,它们都是更高层面的对象。它们作为更加复杂的呈现方式、更加错综的被表现方式而"在那里"存在着。我们使用的语词所表达的事态("这辆轿车是有损伤的""他们在欺骗我")都的确是世界的组成部分。它们都是世界的某些片段——这辆轿车、这种行为——能够被联结的方式。

这几个例子涉及的事态都是直接在我们面前存在的事态。我们直观它们。不过,在我们言说的时候,其中大部分时间我们所表达的事态都没有在场。我们谈论不在场的事情:昨天的足球赛,我

们的国会议员如何投票，夏普斯堡（Sharpsburg）战役的来龙去脉。人类拥有语言，这让我们达到极其广阔辽远的领域；我们能够谈论时间上久远和空间上遥远的事物，甚至谈论距离我们无限遥远的星系以及亿万年之前的事情。不过，我们的大部分言谈并没有延伸到那么远的地方，它们讲到的都是非常近前的事情（"你'砰'的一声关上门，然后她的反应如何？""这位牙医很细心吗？"），尽管如此，这些言谈仍然在很大程度上延伸到缺席的东西。

　　极其重要的一点是，当我们谈论缺席者的时候，我们仍然是在联结世界的一个部分。我们不是在求助于我们的观念或概念，用它们作为缺席事物的替代在场者。我们就是如此被构造的，以至于能够意向在其在场状态的事物，也能够意向在其缺席状态的事物。意识的意向性就是这样的，它始终向外延伸，即使它指向的目标不是它面前的事物。如果我在发表关于安提塔姆（Antietam）战役的演讲，我和我的听众都意向这次战役，即使它发生在130多年以前；如果现在你我都在华盛顿特区，我们一起谈论帝国大厦，那么我们正在谈论的就是这座建筑，而不是交谈的时候可能会出现在脑海中的某些意义或者意象。

　　不过，我们关于缺席者的话语不时地被我们有关在场者的插曲所打断。有时候我们可能只是在谈论近旁的对象，能够知觉到的对象。在另外有些时候，我们关于缺席事物的言谈可能需要我们去弄清楚自己所说的东西是否真实。有人可能会质疑我们所说的事情，而且，至少是在某些情况下，我们可以去看看实际情况如何，就是说，走过去用范畴记示的方式表明处于在场状态的情况，以此就能够打消疑问。（"请看，我告诉过你，有一只猫头鹰在这个仓库里筑巢"）。如果不可能做到这一点，那么我们可以诉诸其他人的见证、档案材料、遗迹，还可以诉诸其他形式的间接确证，但是其中有很多东西反过来将会建立在别人已经实行的直接的范畴记示的基础上。

因此，尽管我们的大部分言语都指向缺席的事物，但是它能够求助于在场的事物来确证或驳斥我们有关缺席事物的言论。一种同一性综合发生在这两者之间：一方面是我们曾经意向过的缺席状态上的事态，另一方面则是我们现在所意向的在其在场状态上起着确证作用的同一个事态。我们认定现在被给予的情况与我们只是讲到它的时候所意向的情况是同一个。

对于意义之为心灵之物或者概念之物的排除

在讨论从那些涉及缺席者的范畴活动向涉及在场者的范畴活动过渡的时候，我们已经引入了有关真理的议题。我们注意到，在我们的世间经验中，我们试图弄清楚在对象缺席的时候提出的陈述是否真实。不过，我们迄今为止进行的分析似乎错失了某种东西。

我们的语词的"意义"究竟存在于什么地方？我们施行的判断在哪里？传统的看法认为，语词的意义，我们提出的判断或者命题，以及我们据有的观念，都是某种心灵之物或者概念之物，某种与我们更为亲密的事物，某种从来不会缺席的事物。因为这样的事物始终被认为是直接对我们的心灵在场的，所以，它们似乎能够在我们和我们意向的东西之间起到桥梁的作用，尤其是当我们意向缺席事物的时候。它们可以说明我们如何能够指向不在近前的事物。这种对于意义和命题的理解是很常见的，在一些中世纪思想家那里、在笛卡尔那里、在英国经验论者和康德那里、在当代认知科学以及许多语言哲学家那里都可以看到。

更进一步来说，有关真理的议题似乎需要某种居于我们和事物之间的意义、概念或判断：当我们宣称我们已经讲述了真理，这时候我们暗示——难道没有吗？——我们所说的东西、我们拥有的意义符合在那里存在的东西。如果不存在与我们所认识的事物相脱离的意义和命题，那么如何能够说我们的判断符合如其所是的事物呢？有什么东西能够与事实相符合？如果不把意义和判断设定成某种心灵之物，那么我们如何能够说明真理是什么呢？常识似乎要求我们把意义设定成心灵之中的某种存在体。

然而，尽管我们似乎必须把意义和判断设定成心灵之物或者概念之物，可是这样的事物却被证明在哲学上是令人尴尬和困惑的。我们从来没有直接经验到它们。它们被假设成某种非有不可的东西，可是没有人曾经看见过它们是什么样子。它们是理论上的建构物，而不是我们所熟悉的存在体。它们是假设的，不是被给予的，之所以要假设它们，是由于我们认为如果没有它们的话，就无法说明知识和真理。它们如何实存？它们属于什么种类的存在体？它们存在于心灵之中，还是存在于介乎心灵和世界之间的第三种领域？它们如何使我们指涉对象？它们中间有多少是我们所拥有的？是不是我们召集它们的时候，它们就进入实际存在，然后又离开实际存在，也就是说，从虚拟到实际然后再返回虚拟？它们似乎是外在于我们的事物和事态的复制品，我们为什么有必要去设定它们？可是我们如何能够避免去设定它们？命题和意义作为心灵之物或者再现的存在体（representational entity），似乎是万不得已的做法，一条死胡同，一种困境。各种哲学上的混淆把我们困在这些情形之中。

我相信，现象学对于判断和意义的论析，是它为哲学做出的最精致最有价值的贡献之一。现象学能够表明，我们不需要把判断和意义设定成心灵的存在体，或者设定成心灵和事物之间的中介者。没有必要把它们作为哲学上令人困惑的、奇怪的存在者而引入进来，以为它们有一种魔力，可以把我们的意识同外部世界联系起来。现象学对判断、命题和概念的地位提供了一种新的诠释，这种诠释不仅简单、优雅，而且符合实际。它是按照下述方式来诠释的。

假设你告诉我说，你给我看的餐具是纯银的。最初的时候我只是随声附和，把它看作是银制的。跟随着你的引导，我记示这个事态："这个餐具是银的"。后来我开始有些怀疑。整个事情不太合乎情理：你怎么可能有这么多银器呢？除此之外，它看起来或者感觉起来不像是纯银的：它的分量太轻；它的声音很不响亮。

在这个时候发生的事情是，我对自己刚才构造的事态改变了态度。最开始，我简单地意向餐具是银的；我素朴而直接地意向它。现在，我开始犹豫了。我进入一种新的、反思的态度。我仍然意向这个餐具是银的，然而现在加上一个限定词："如你主张的"。我不再简单地相信；我中止我的信念，不过仍然意向同一个事物和特征。我把事态上的"这个餐具是银的"转变成单纯的判断或意义上的"这个餐具是银的"。它不再是一个对我来说的简单事态；它现在对我来说是**当作正在被你呈现的**事态来看待的事态；这个限定词——即"如你主张的"——把它变成仅仅是你的判断，而不是简单的事实。

从"是一个事态"转变到"是一个判断"，这个变化的发生对应着我已经采纳的新态度。让我们把这种新态度称作"命题性态度"，把确立它的反思称作"命题性反思"或者"判断性反思"。也可以把它称作"**判断学的**反思"，因为它确立并转向判断，而在希腊语中，判断被称作"apophansis"。判断、命题、意义和含义的出现都对应着这种新的态度。判断、命题或者概念并不是在其受到反思之前就作为某种中介性的存在体而预先存在的。它并不是预先在那里发挥着它的认识论功能，把我们同世界联系起来。它并不是已经在那里，等待着我们转向它或者推论出它的在场。相反，它是我们借助命题性反思而进入命题性态度的时候出现的一个呈现的维度，一种呈现方式的变化。它出现在我们改变关注点的时候。命题不是一种固有的存在体；它是正在被联结的世界的一部分，只不过正在被仅仅当作某人的呈现来对待：在我们谈论的事例中，它正在被当作你的呈现来看待。它是你的判断。

就命题和意义如何生成而言，这是一种新的解释，它的好处就在于避免了我们前面讲过的那种必要性，即有必要把命题和意义设定成神秘的概念性的存在体或者心灵的存在体。它保持了全部意向性具有的世界指向性；即使我们指涉一个判断，我们也是在指涉世界，不过指涉的是正如某个人所主张的世界。

现象学对于判断的这种分析也让我们得以澄清真理符合论。通常，真理符合论的最大问题，就是如何解释命题和事态之间的"匹配"。然而在事实上，一个更深层次的问题首先是有关命题是什么的问题：它们是如何形成的？它们拥有什么实存样式？在说出它们如何能够符合事物之前，我们必须表明它们像什么。

现象学不是把判断、命题和含义假定成中介性的存在体，而是把它们看作与命题性态度和命题性反思相关联的东西。它们的出现对应着我们把事态当作单纯是某人所主张的事态来看待。按照这种分析，不仅事态是"在世界之中"的，甚至命题也是"在世界之中"，不过是在某人所投射的世界之中。世界就是这样通过某人正在言说的东西而被投射成存在着的世界。

在上述现象学分析中，我们已经达到这个位置：从我们对于事态的素朴意向，转到把同一个事态反思地当作"你所陈述或主张

100

的"事态来看待。这个餐具"是"银的，不过这只是你所陈述或呈现的；我不再不折不扣地这样来意向它。接下来呢？此时我们有了一个如你所意向的事态。我们尚未解决有关真理的问题。

接下来发生的事情是，我回过头来拿起这个餐具，更加严格地检查它，看看它的销售证，找找它上面的铭文，也许还要问问别人的意见，等等。然后，经过我自己的充分检查，我可能得出结论："是的，它的确是银的"。如果这就是我的检查结果，那么我发现你的判断确实符合事实。我不再把事态当作仅仅是你所主张的事态。我再回到直接意向，即意向餐具"是银的"，然而这个回归与最初的素朴意向不一样。我现在拥有的事态是得到确证的事态，它经历过命题性反思和确证的严格检验。该事态仍然是我最初意向的同一个事态，而且是我将其当作只是你所主张的事态来看待的同一个事态；然而它现在呈现出一个新的含义层面，一个新的意向对象的维度：它现在是一个获得确证的事实，而不是被素朴地意向到的事态。

这种关于判断和事实之间的符合的解释，可以被称作真理的"去引号"理论，因为它涉及的第一个步骤就是把事态"加引号"（在批判分析的过程中，我把事态当作仅仅是你主张的事态），然后再去掉引号，取消命题性反思，抛弃命题性态度，返回到对于事态的直接接受。不过，这种"去引号"理论所涉及的不只是加上引号和去掉引号等等单纯的语言学现象；它提供的不只是语言学上的解释，因为它描述了意向性方面发生的转变，正是这些转变支撑着加引号和去引号。我们先是从事态开始，然后转到事态之为被主张的事态，再后来转到事态之为得到确证的事态。

当然，我的一番探究很可能得出这个结论：餐具根本不是银的；这样的话，"事态之为被主张的事态"就继续保持不变。我没有去掉引号，没有取消命题性反思；餐具绝非银制的，只不过你主张它是银制的罢了。因此，这个特殊的"事态"无论在过去还是现在都只是你的命题，只是你的判断，只是你的意义，绝不是事物的存在方式。这个事态永远被取消了"真正是实际情况"的资格；它始终只是你的意见，而且偏偏还是一个虚假的意见。顺便说一下，有趣的事情是，我们看到意见或判断通常系附于提出该命题的某个人，然而事实却不是任何特殊人物的占有物；事实是相对于每一个人而存在的。

这种现象学的真理理论，不是在心灵的或者语义的存在体和实 102
在的存在体之间活动，而是完全在呈现之领域运作。它辨别各种各样的呈现（简单的、范畴的、命题的、确证的），还探讨在这些呈现引入的各种新的多样性之中达到的同一性。通过诸多外形而被给予的知觉对象，现在通过范畴联结而被进一步认定，并且还通过批判的反思和确证的认定，更进一步地作为对象而得到提升。

语言学的范畴证实之维度还引入了极大的丰富性和变化，因为它涉及主体间性的维度。我们看到立方体的这个侧面，同时我们还拥有其他人看到的其他侧面；我们拥有几个世纪之前的人们所提出、受到今人确证或者驳斥的陈述，也拥有生活在不同的时间和地点、与我们很不相同的人们提出的陈述，我们能够理解这些陈述，并且在一定程度上通过我们自己富有思想的经验去证实或者证伪它们。我们也拥有我们自己提出的陈述，它们将会受到其他时间和地点的人们的确证或驳斥。言语使得主体间的交流范围远远超过建立在简单的普通知觉基础上的交流范围。

我们已经考察过的意向性方面的几个步骤——素朴的意向、范畴意向、批判、命题性反思以及返回到确证或者驳斥——都是在自然态度下实施的。在先验的现象学的态度下，现象学的真理和意义理论高屋建瓴地分析这些步骤及其元素。在这个有利的位置上，它反思我们在前哲学的活动中实行的真实和虚假的意向性，并澄清其中发生的事情。

再论范畴行为和范畴对象

很明显，与我们只是知觉、想象、回忆和预期事物的时候相比，我们在进入范畴意向的时候更加主动。在范畴意向性那里存在着一种新的"产物"，即范畴对象，无论这种对象被当作事态还是当作判断（当作被主张的事态）来看待。这种新的产物，即范畴对象，能够脱离开它的直接语境，并且通过语言的使用而与其他地方联系起来。通过对你说话，我可以把我现在看到和联结的同一个范畴对象"给予"你。你可以联结这个完全相同的对象，尽管它是缺席的。这种疏离（distancing）非常彻底，远非回忆或想象行为中发生的移置可比，尽管在回忆和想象行为中，我也能够把缺席的事物呈现给我自己。回忆和想象给予我们有关缺席者的原初感受，但是它们没有提供对于缺席者的交流，也没有让我们能够控制缺席者；这种交流和控制都是在言语中发生的。

范畴意向性把我们提升到完全是属人的真理形式上，这种真理涉及言语和推理。但是，如果说它允许这种真理形式，那么它也就允许完全是属人的对于真理的滥用；它使得差错和虚假成为可能，这些差错和虚假的规模之大，足以让错觉、错误的记忆以及错误的想象等较低层次的意向相形见绌。如果我能够用我的言语把你不曾经验过的事态"给予"你，那么我也能够用语言把这个事态的虚假版本"给予"你，或者我能够把一个根本就没有发生过的事态"给予"你。我甚至也能够自相矛盾，也就是说话违背我自己。我可以持有一种确信，然后持有另一种确信，而且后者抹杀前者。我可以认为"这个人很好相处"这个事态是真实的，也可以认为"这个人很难相处"这个事态是真实的。我可以相信"S 是 p"而且也认为（至少是含蓄地认为）"S 不是 p"。通常，这样的矛盾是由情绪的影响而引起的，在这些情况下，我们欲望两个不可兼得的事物，而且不希望面对我们不可能两者兼得的事实；引起这样的矛盾的原因，也可能是混淆、疏忽，以及没有能力去掌握与我们手边的事情有关的理智材料。在后面探讨"模糊性"主题的时候，我们再来考察引起这种矛盾的理智根源。

　　进入范畴领域也使得逻辑的引入成为可能。逻辑不属于知觉及其变体组成的较低层面，而是在范畴层面上开始活动。一旦构造了范畴对象，我们就能够把这些对象形式化，并且注意形式化所得到的诸多形式的一致性或者不一致性。于是我们可以不用考虑"这辆轿车是有损伤的"这个范畴对象，而是与"S 是 p"这个纯粹形式打交道，在这种纯粹形式那里，对象的内容变得无关紧要，但是句法却被固定住了。我们不再考虑"轿车"，而是与"无论什么对象"打交道；不再考虑"损伤的"，而是考虑"无论什么属性"。于是，我们就可以检查各种形式之间的关系，弄清楚它们是否一致，例如，我们可以看到"S 不是 p"和"Sp 是 q"这两个形式是不一致的。如果我们断言后者然后又去断言前者（"这幢红色的房子很昂贵；这幢房子不是红色的"），我们就会自相矛盾。对于命题为真来说，逻辑的一致性是其必要条件；如果命题由于其逻辑形式而发生自相矛盾，那么它们就先天地不可能被我们关于事物本身的经验所证实。

　　现象学区分开两种形式系统，一种形式系统属于对象和事态以及事物的"存在论"方面，另一种形式系统属于判断或命题以及意

104

义或含义的区域。研究对象或事态所具有的形式结构的科学，被称作**形式存在论**，研究意义和命题的形式结构的科学则被称作**形式判断学**。

我们在前面讲过，有的学说把概念、判断、意义或含义看作心灵的存在体或者概念性的存在体；我已经尝试过反驳这种观点，现在再来评论一番。它认为这样的存在体对于说明知识而言是必要的，但是这个看法却暴露出它自己的一个缺陷，即没有承认意识的意向性。这种看法就是把意识当作简单的、纯然的觉察，仅仅意识到它自己，而且还假定意向性必定是由于插入某种"再现"而被加给意识的，这些再现可能是概念、语词、命题、心灵意象、象征、含义或者"意向对象"。按照这种观点，正是再现而非意识在本质上是意向性的。正是这种再现的插入使得意识成为意向性的，而且还指定意识意向什么以及如何去意向它：这种插入之物确立意向、指称和含义。再现把我们与"外面的"对象联系起来，并给予这些对象一定的意义。但是这样的添加物如何能够把意向性赋予我们的觉察呢？我们如何能够知道被给予我们的东西是语词还是意象抑或是概念，如何能够知道语词、意象或概念再现某种"超出"它自己"以外"的事物呢？如果这个"外面"的维度不是一开始就存在的话，那么它是如何为我们出现的呢？如果意识不是从一开始就是意向性的，那么它就永远无法解释如何变成这样的。

模糊性现象

105　　　我们一直在考虑范畴意向及其相关对象，也在考虑真理、意义、判断、事态、证实以及逻辑。现象学还探讨在这张现象网络中发挥战略性作用的另外一个话题，大多数哲学家对这个话题只是稍有触及，很少去讨论它。这就是**模糊性**现象。不仅在有关逻辑、意义和证实等较为科学的问题方面，而且在语言的日常使用以及有责任的言说者的确立方面，模糊性都是非常重要的。

通常的假定都认为，在言说或者阅读的时候，我们从头到尾思考我们所说的或者所阅读的东西。实际情况常常并不是这样。我们经常不加思考地使用语词。我们可能在浮光掠影地阅读，或者我们可能听到某人谈话却没有注意他说什么，我们甚至可能会自己说出什么事情，然而此时却没有真正觉察到这些话的意义，或者可能是在机械地背诵什么东西。有时候，我们正在谈论的材料是我们不能理解的；我们实际上并没有理解自己正在说的东西。例如，人们讨论政治的时候讲到的很多东西就是这样。他们的大部分言谈都是模糊的：重复一些口号，到处宣扬自己特别喜欢的观念，把别人讲过的话照搬过来却又不知所云。绝大部分民意调查得到的结果都是模糊的思维。人的言语能力，这种赋予我们作为人的尊严的高贵能力，也使得我们有可能在实际上没有进行思考的时候却显得是在思考。这是一种特别属人的方式，未能成为我们应该成为的存在者的方式，而且它在人类事务当中非常重要。

在无思想的言语中发生的事情，就是本来应该伴随着言语的范畴活动没有得到充分的完成。这里的确存在着某种范畴活动，然而它不足以胜任正在讨论和断言的问题。只有一连串念头却没有完整的思想。如果我模糊不清地说话，有一个人在听我说，而且他比我更有思想，随着时间的推移，他通常会发现我正在说的东西毫无意义，我说的话混乱不堪。为了从这一团乱麻当中理出头绪，他会要求我澄清这些话是什么意思。如果他试图同我辩论，那么他会不断受挫；想要和说话模糊不清的人进行辩论，犹如试图用手榴弹来驱散烟雾。然而，要是听我说话的人和我一样没有什么思想，他就不会察觉到我是在模糊不清地说话。他自己也含糊不清，如果他喜欢我似乎采取的立场，那么他就会感到我正在成功地联结我们共同的信念："一个傻瓜总会找到更傻的来崇拜他。"如果这位倾听者不同意我似乎在说的东西，他就会对我感到心烦意乱，还会把他自己的似乎是另外的一套观点表达一番。然而在这整个过程中，他的心灵和我的心灵都没有真正地活动；我们正在表达的只是某种类似于情绪性态度的东西，而不是明晰的观点。这里没有真正的辩论，只有半成形的思想撞在一起。

应该把模糊性和无知与差错区分开；无知和差错是另外两种与真理和范畴对象有关的缺失。在无知状态，我们完全没有试图去联结有关的范畴对象；我们只是对这个问题保持沉默。我们并没有假装去思考它，也不是似乎在进行思考。在发生差错的时候，我们表述有关某事物的意见，我们很明确地这么做，然而结果却表明我们的意见是不正确的。如果走向我们正在谈论的事物，尽量经验它们，并且如同我们所陈述的那样来记示它们，那么，我们的意见就会站不住脚了。我们的命题就会受到驳斥。在这样的差错状态，我们确实达到了明晰的思想，也确实联结了一个范畴对象，不过这个思想和对象都是错误的。如果我们是不正确的，我们就必定已经克服了模糊性而且达到了明晰性。

模糊性处于无知和差错之间。它是尚未成形的思想。它是一种没有完全成功的思想尝试，然而它使用了通常是指示思想的语词，因此它假充思想，不过不是故意的。一连串语词排列起来鱼贯而出，给人以思想的印象，但是它们背后却没有足够的思想支撑。

在有些情况下，尽管言说者起初是模糊不清的，然而他还是有可能通透地思考他正在言说的事情，并且联结他希望去宣告的事态和判断。在这种情况下，言说者已经从模糊走到**明晰**。他成功地获得了他一直在努力构造的范畴对象。他现在进行明晰的思考，呈现出他早先一直试图呈现的事态或判断。

　　当言说者从模糊走向明晰时，他可能会发现自己最终获得的判断与他一直模糊地陈述的判断是同一个；这个判断是在两种呈现方式上的同一个判断，一种是模糊的方式，另一种则是明晰的方式。但是他也可能会发现，明晰的判断与模糊的判断不是同一个判断；他可能会发现，模糊的判断内部隐匿着矛盾，由于现在获得了明晰性，这些矛盾也就变得明显起来；正是由于模糊性，这些矛盾一直都是隐蔽的。因此，逻辑矛盾或者逻辑上的一致性要成为可能，需要我们已经把判断带到明晰状态，要求我们已经明晰地联结它。在一个判断被带到明晰状态之前，我们不可能真正地说它是真的还是假的，甚至也不能说它是否与它自己和其他判断保持一致，因为我们还没有真正知道这个判断是什么。它还没有作为一个明晰的意义而实存——明晰的意义才可能是真的或假的，一致的或者不一致的。我们必须首先知道某个人在说什么，然后才能确定他所说的是真的还是假的。

　　模糊性可能怀有不一致性，也可能怀有**不融贯性**（incoherence）。不一致性意味着我们的言论中有一个部分与另一部分按照形式的逻辑结构来说是矛盾的：我们既说"S 是 p"又说"S 不是 p"。而不融贯性则意味着我们的判断的内容——与形式相对——没有被恰当地组合。它意味着我们正在使用的是一些组合起来不会形成任何意义的实义词。例如，我们可能会说，国家是一个大家庭，或者说一项政治体制保障人人都有工作，或者说大脑知道谁正在门口走过（实际上是人知道，而不是大脑知道）。矛盾涉及的是判断的形式，不融贯性涉及的是判断的内容，它们两者都会发生在模糊性的迷雾里。语词表示事物，但是有可能以如此方式把诸多语词放在一起，以至于它们的整体并没有表示一个事物。这个整体的有些部分"发言反对"其他部分，或者有些部分没有被适当地与其他部分相融合（属于家庭的特征与国家相融合，属于整个人的特征与他的机体组织的一个部分相融合）。

每个人都有模糊不清的时候，这没有什么遗憾的。当我们进入一个新的思想领域，就不得不从模糊状态开始。心灵遇到的观念最初几乎总是模糊的，需要把它们带到明晰状态，这时候，观念中的不一致和不融贯的地方将会被过滤掉。刚开始学习数学的学生通常对他计算的范畴对象感到茫然不解，觉得模糊不清。如果他是一个优秀的学生，他会不断进步，逐渐达到明晰状态。有些人能够比其他人更快更容易达到明晰状态。有些人在某些领域里恐怕永远无法摆脱模糊性，可是也有些人几乎在任何领域都无法走出模糊性。他们并没有清楚明白地思考，然而他们使用语言，这会让别人觉得他们在真正地思考。喋喋不休的人就是模糊性的生动例子。公众的舆论充斥着模糊性，总是向社会名人提出各种相互矛盾的要求。"他们""人们"的纷纭众说都是出了名地模糊不清，然而这些说法仍然是本真思想的起点。我们的思想、我们构造的范畴对象并不是从一开始就完成和完善了。

最后，我们讨论了模糊性在言语和思想上的显象，但是它也发生在行动之中。如果一个人经常不加思考就说话，乃至于积习成癖，那么他的行为方式很可能也是这样，从一个不成形的步骤跌跌撞撞地走到另一个，把事情搞得一团糟。在这种情况下，权衡和选择都感染上了模糊性带来的不一致和不融贯。这种出洋相的行径——无论在个人事务、制度上的事务或者政治事务方面——究竟在观众那里引起的是怜悯还是悲哀，这要取决于观众如何受到这种活动的影响。

108

范畴对象和人的理智

模糊性毕竟是人类思维当中的一个缺陷；我们不让这个论题来结束本章的讨论。让我们用积极的声调来结尾，考虑一下范畴对象领域的一些优点。

人的语言不同于动物的声音，因为它包含句法。人的语言包含声音，但是这种声音被音素模式以及各种语法虚词、词形变化和定位等赋予了结构。正是合乎语法的语序安排使得语言学符号系统服从于人的控制，使它成为这种极度复杂和精致的系统，也使它成为行使真理的载体。句法把动物的声音提升成人的话语。在现象学那里，语言的句法元素被称作语言的**伴随范畴性的**部分（syncategorematic part），因为它们总是"伴随着"言语的**范畴性的**部分，也就是单纯给对象和特征进行命名的辞句。 109

很明显，语言的句法部分起到的作用在于连接语词。它们是一门语言的语法。不过，这种语言学作用并不是它们的全部工作，因为它们也在意向性那里发挥功能：语言的句法联系着事物能够向我们呈现它们自己的方式，联系着我们能够意向和联结事物的方式。语言的句法部分有助于表达呈现的组合学，表达事物能够在各种各样的部分-整体关系之中向我们呈现的方式。现象学不只是考虑语法的语言学功能，就像结构语言学所做的那样；它还把句法与成真的活动、与明见行为联系起来。

语言的非句法元素（诸如"树"和"绿色的"这样的词项）仅仅是给事物和特征命名，语言的句法元素则表达事物和特征据以得到展现的方式。辞句的句法部分拥有对象相关项。我们以"树是绿色的"这个陈述为例。显然，"树"和"绿色的"这两个词项命名的是能够被给予知觉的事物和特征，然而系词"是"也有对象性指称，因为这个陈述不只是呈现树和绿色：它也呈现树之为绿色（the tree's being green），或者树是绿色的这个事态。树之"是有……特征的"对应着系词"是"。系词"是"不仅连接"树"和"绿色的"这两个词，而且还使得树之是绿色被我们所意向，即使是在其缺席状态。来看另一个例子，如果我们来结合两个词项，比如"胡椒粉和盐"，那么，"和"这个语法虚词就对应着辣椒和盐这两个物项的"是一起的"：这两项不是被单独地呈现，而是被呈现为是一起的、当作一体来对待的。

　　因此，事物能够为我们而得到联结的方式，它们能够以缺席或在场状态而被意向的方式，它们相对于我们而"分开"和"落入整体"的方式，都是由于语言的句法而得以可能的，而且，每一种语言的语法特色都给该语言提供了独特的呈现风格。现象学把句法与诸多呈现方式联系起来。

　　在记示范畴对象的时候，随着整体和部分得到明确辨识，我们从知觉的连续性转到理智对象的较为支离的、不连续的在场。
110　我们呈现更高层次的对象即范畴对象，而这样的对象是以离散包（discrete packet）的形式来到的。存在着很多这样的对象，它们在我们提出的各种陈述之中得到表达，而且它们都是相互联系的。这些被给予理智活动的对象形成一个网络。在表达范畴对象的时候，我们将其存档；我们把自己记录在案，我们确切地宣布这一项或者那一项事情。我们说出一件事，接着是另一件事，但是尽管我们继续提出其他陈述，先前的陈述仍然有效，而且前后的陈述必须保持一致。所有这些范畴对象之间的联系是逻辑的，并非只是关联性的（associative）。我们可以追问这个范畴对象或含义与另一个是否一致；我们可以要求言说者避免矛盾（换言之，避免说出某种"反对"他先前所言的东西）。我们也可以要求言说者解释他联结的东西，为其给出理由和澄清。范畴领域是理性的空间；这个领域是由各种错综复杂的意向性所构造的，而这些意向性正是现象学要探索的东西。

当我们经验到的对象被成功地提升到精确的范畴对象的时候，我们并没有把它们粉碎成彼此失去联系的片段。相反，这个时候恰恰有可能得到事物之间的更为深刻的连续性。被给予我们的不再是知觉之流，而是相互联系的事态以及事态背后的世界感或者宇宙感。范畴领域带来了一种新的、被联结的整体感；并非唯有前范畴的东西才是整体性的（holistic）。思维之中的精确性和明晰性并没有把事物原子化，而是让我们能够更加敏锐地领悟整体图景；由于我们领悟了树木，所以能够确切地领略森林。

言语的句法部分表达范畴形式，与此同时，它们有助于表达世界向我们呈现其自身的方式，但是它们还有另外一种功能。它们有助于**指示**或者标示这一点，即言说者正在实施那些构造范畴对象的思想行为。它们标示着言说者正在开口表达和讲述一种意见，而不是在哼哼或者打嗝。在听人说话的时候，我们听到的不只是声音；我们也听到声音的语法排序。借助于这种编码活动，我们使得世界以及世界里的事物被表达给我们，还使得负责它们以这种方式受到表达的那个言说者的在场被给予我们。语言和句法被用来揭示世界及其事物，但是它们还以不同的方式揭示此刻正在使用语言和句法的言说者。它们揭示出某个先验自我，也就是对意向性和明见性负有责任的执行者。

我们在这一章考察了范畴意向性，也就是紧随着更基本的意向活动形式（即知觉及其变体）之后出现的意向形式。范畴意向是理性或逻各斯的领域。它确立各种范畴对象，也就是被句法所渗透的对象，其部分和整体得到明确记示的对象。范畴对象既存在于事物的存在论方面（事态、事物、属性），也存在于判断学方面（判断、命题、含义、主词、谓词）。证实就在这两个方面之间活动。在事态和判断能够得到确证或驳斥之前，甚至在它们能够得到理解之前（确实，把它们带到明晰状态，恰恰就是去理解它们），它们首先必须被带到明晰状态。这意味着它们要脱离开模糊性的母体，而这个母体则是范畴性的一种基础和源头。

我们的注意力一直指向范畴对象，但是我们也特别提到，范畴领域还包括有责任的言说者的出现。它需要一个被提升的自我，超越那种在知觉、记忆和想象之中被构造的自我。范畴对象涉及范畴活动，而范畴活动反过来则需要有真理执行者把它实施出来。现在，我们的讨论就要转向这种自我，这种先验自我。

第八章
自我的现象学

我们经验到的事物将它们自己呈现为显象的多样性之中的同一
性。属于我们自己的自我，我们的"本我"（ego），也作为显象的
多样性之中的同一性而确立它自己，向我们呈现它自己，不过，我
们在其中被呈现给我们自己的多样性，不同于事物在其中被呈现出
来的多样性。我们从来没有作为一个事物而在世界中显露给我们自
己；我们每个人都卓然而立，作为中心，作为我们意向性生活的执
行者，作为让世界以及世界中的事物被给予他的那个接受者。我们
揭示事物的能力，我们作为对于显现的事物来说的表现的接受者，
将我们自己引入理性的生活以及属人的存在方式。

经验自我和先验自我

自我有着令人惊异的两可性（ambiguity）：一方面，它是世界
的一个很平常的部分，是在世界中栖息的众多事物之一。它占有空
间，在时间中延续，拥有物理和心理特征，并且与世界上的其他事
物发生因果互动：如果它跌倒，它就像其他物体一样下落；如果用
力推它，它会像其他事物一样被推倒；如果用化学药品对它进行治
疗，它会像任何生命有机体一样产生反应；如果光线照射它的视觉
器官，它会产生电子的、化学的以及心理的反应。"我"是一个物

质的、有机的、心理的事物。如果我们把自我简单地看成世界万物中的一物，那么就是在把它当作所谓**经验自我**来看待。

另一方面，就是这种同样的自我也可以与世界相对峙：它是显露的中心，世界以及世界之中的一切都对它表现它们自身。它是真理的执行者，是各种判断和证实的责任者，是以知觉和认知方式拥有世界的"所有者"。当我们以这种方式来考虑自我的时候，它就再也不仅仅是世界的一个部分；它就是所谓的**先验自我**。

经验自我和先验自我不是两个存在体；它们是同一个存在者，然而是以两种方式被考虑的存在体。此外，并非只是我们考虑自我的方式引入了经验自我和先验自我之间的区别；并非只是我们采取经验立场或先验立场才确立了自我之中的二元性。倒不如说，自我就是以这种双重的方式而实存。我们能够以这种二元的方式来思考它，仅仅是因为它享有的存在方式允许它被如此考虑。所以，我们不可能把先验自我归于一棵树或者一只猫。

自我的两可性在于这个事实：某事物作为世界的一个部分能够与世界对峙，甚至能够"据有"世界或者与世界发生关联。自我似乎既是世界的一个部分而又不是世界的一个部分。这并不是说可以使自我脱离世界，可以在世界之外发现或想象自我的实存。即使是作为先验自我，自我的意向性特征也要求它拥有与之关联的事物和世界。自我和世界是彼此关联的要素。然而，当自我被看成是拥有世界的自我时，它就再也不只是世界的一个部分。它作为世界为之"被给予"的接受者而与世界关联。

有一种强烈的倾向试图把先验自我还原成经验自我。在探讨人的认知行为的时候，我们往往想要把它当作世界上发生的各种因果代换之中的一个物项，与那些简单地参与机械的、化学的以及生物的因果作用之中的事物相等同。于是，知识在心灵之中的产生，常常被认为就像是身体中产生的各种化学变化。我们以为能够通过剖析我们在认知事物的时候发生在大脑和神经系统中的变化来详尽无遗地说明知识是什么。例如，很多认知科学的研究者都试图把知识和其他的理性成就还原成单纯是物理的大脑状态。我们可以把这种解释知识的方式称为**生物主义**或者生物还原论（biological reductionism）。

另外一种更加复杂的还原论，则是心理学的还原论；它被称为**心理主义**。自从现象学在 20 世纪早期刚刚形成的时候开始，它就抨击过对于真理、理性和自我的心理学诠释；心理主义是现象学的衬托，现象学本来就是在心理主义的衬托下界定它自己的。然而颇为悖谬的是，许多人都错误地把现象学理解成心理主义的一种形式。 114

那么"心理主义"意味着什么呢？心理主义断言，诸如逻辑、真理、证实、明见性和推理等都是心灵的经验性活动。在心理主义那里，理性和真理都被自然化了。逻辑和真理的规律被看成是用来描述心灵如何运作的高级的经验规律；它们没有被当作真理和理性的真正意义所具有的成分。例如，在心理主义看来，矛盾律只不过是一种关于我们的心灵如何运作的陈述；它讲述我们如何偶然地排列我们的观念；它不是被看作支配着事物必须如何进行自我揭示的原理。它讲述的是我们心灵的习惯，无论天生的还是习得的习惯，而不是事物必须如何存在以及必须如何显露它们自己。同样，人的语言需要句法，这个事实在心理主义看来也不过是一种有关人类及其心理发展的历史事实。心理主义与生物主义一道，都把意义和真理当作属于经验性事实的事情来看待，而不是当作一个支撑着并且因此超越经验之物的维度，不是当作属于事物的存在的维度。

心理主义是最常见也是最阴险的还原论形式。生物主义紧随其后。一旦把意义、真理和逻辑的规律还原成心理学的规律，我们就会很容易进一步把它们还原成支撑着我们的心理学的生物学结构。因此，生物主义虽然承认人的语言本质上关涉句法，但是会认为这个事实仅仅是由大脑的组成及其演化方式所引起的。它不会认为该事实建立在下述事实的基础上，即事物在被显露的时候必须被联结。生物主义对句法的整个解释都是以大脑为基础，完全不考虑事物的实存和自我呈现的方式。

另一方面，现象学的进路明显会承认大脑的组成是语言句法的原因之一，也是知觉、范畴意向以及知识和科学的一个原因，但是它接着会断言，人们也必须提供另一种说明，基于显现的事物的说明。除了注意大脑的组成之外，我们还必须注意这个事实，即事物115 能够被区分为整体和部分，能够被知觉和图像化，当它们将其自身呈现给我们的时候，可以从中区别出它们的本质方面和偶然方面。这第二种说明显然不同于那种研究大脑的组成和我们心理倾向的说明；可能很难弄清第二种说明究竟又是基于什么类型的说明，然而它是不能被省却的。

现象学从一开始就展开了坚决反对心理主义的斗争。它力图表明，实现意义、真理和逻辑推理的活动不只是我们的心理学或者生物学构造所具有的特征，这种活动已经进入到全新的领域，属于理性的领域，超越了心理学的领域。要进行这种区别是不容易的。自我的确既是经验的又是先验的，而且人们可以仅限于考虑事物的经验方面。意义和真理也拥有它们的经验维度，然而它们不只是经验之物。简单地将它们当作心理学的事物来看待，这种做法遗漏了某种重要的东西。不过，要表明这种心理学之外的东西究竟是什么，这可不是一件容易的事情。

什么是先验自我？

我们现在需要考虑这个理性领域的本性，以及它如何不同于生物学的和心理学的事物，先验的领域如何不同于经验的领域。我们可以通过考察人的知识和美德——这两者都发生在先验的领域——来做到这些。这里要形成的基本要点是，在运用我们的理性的时候，在充当真理和意义的执行者的时候，我们开始卷入到单纯经验的观点不可能对其做出充足理解的活动。

让我们来看一下自然科学。心理主义会宣称，推理、论证、知识和科学都仅仅事关我们的心理构造。例如，物理学、生物学和数学都被说成是我们的机体适应其环境的方式；它们没有被看作是在告诉我们有关任何事物的真理。真理观念在心理主义那里变得有问题了；我们形成的判断和命题最终不过是机体的或者心理的反应，实际上与心脏的跳动、胃的消化，或者怡然自得和郁郁寡欢的情绪没有什么差别。按照心理主义的看法，甚至在各门科学那里，我们所做的也不是揭示存在的东西；我们只是做出反应。

相反，现象学坚持认为，尽管我们是生物学和心理学意义上的受造物，尽管我们的知觉和判断需要大脑和神经系统以及主观的反应，但是在进行判断、证实以及推理活动的时候，我们表述的意义和达到的呈现却能够与我们的生物学和心理学的存在方式相区别。这些意义和呈现能够被传达给他人，而他人的主观情感可能与我们的主观情感大相径庭；这些意义和呈现能够被记录下来，能够在论证中当作前提来使用，能够得到确证或者驳斥。它们拥有某种持存（subsistence）。可以就它们本身而不是通过我们的主体性来表明它们是真的还是假的。各种意义本身就是一致的或者是相互矛盾的；各种判断本身就是真的或假的。意义和判断属于我们所谓的理性的

116

"空间"，在实施范畴活动的时候，我们就进入到这个空间。因此，我们除了是生物学的、心理学的以及主观的存在者之外，我们还作为执行者进入理性的空间，进入理性之物的领域，而且，在这样做的时候，我们"跨越出去"、超越我们的主体性；我们作为先验自我而进行活动。

让我们再来考虑一下正义的美德。一个小孩子长大成人以后，他成为一个理性的存在者。他达到了能够理解某个论证并遵循其结论而行动的年龄阶段。他能够依照理念而不仅仅是依照自然倾向和情感来行动。在其生命的早期阶段，小孩子主要是受自然倾向和冲动的控制，只是具有一种尚未成熟的理性。随着年龄的增长，他开始懂得必须把自己看成仅仅是众人之中的一个，不能总是把自己的满足放在首位。他必须看到还有他人，必须公平地对待他人。通过这种方式，小孩子身上就发生了一种正义感。甚至在年幼的孩子们中间也会出现这种正义感的早期阶段，他们能够很快地判断出这种行为或者那种行为"是不公平的。"

正义美德的发展需要两种东西。这里所涉及的人，必须通过引导和反复的实践活动而成为具有道德德性的人，而且除此之外，作为更深一层的可能性条件，这个人还必须已经成为一个理性的执行者。他必须已经进入理性的空间并且能够实施范畴活动。正义感的出现需要理性在年轻人身上在场。正是通过理性的力量，我们才能够客观地观察某种境况，判断其中所牵涉的每一个人包括我们自己真正应得的是什么。正义的美德是理性在实践事务之中的最为卓越的运用。其他的美德也涉及理性的发展，然而正义更是如此，因为它需要能够决定各种平等状态的能力，能够说出对于我自己和他人而言恰好是"相同"东西的能力。

作为人类，我们的整个道德和情感生活，都是由于我们能够运用理性这一事实而得以可能的。一个成熟的人，就是能够听取有关实践事务的论证，对这些论证进行评价并据此行事的人。有些人却做不到这一点。他们沉湎于情绪和冲动；人们没有办法和他们说理。一旦发生这种情况，无论是永久的还是间歇性的状态，这种人的先验自我就被模糊性冲淡了。本来应该进入他们行为之中的范畴思维没有能够奏效。

因此，无论是在理论事务还是实践事务上，我们的先验自我都是我们作为理性和真理的执行者的那个部分。先验自我是被当作真理执行者来看待、被当作能够负责任地宣称实际情况是什么来看待的我们每一个人。我们是生物学的和心理学的有机体，除此之外，我们还是理性存在者，属于康德所谓的"目的王国"；当我们承认自己是如此的时候，我们就是在把自己当作先验自我来看待。现象学试图描述什么样的结构形式形成先验自我的存在。现象学就是对于先验自我的探索，这种先验自我是在其全部意向性形式上的先验自我，伴随着各种意向相关项，也就是这些意向性的目标。既然我们的理性使我们成为人，所以现象学就是对于我们自己的人性的探索。

究竟是什么使得我们成为理性之人，哲学家们的理解常常过于狭隘。他们认为，我们的理性主要就是能够从特殊经验抽象出普遍概念的能力、实行三段论推理的能力以及洞见自明真理的能力。然而，我们的理性所包含的远远不止这些能力；它还包括我们用来认定在其缺席和在场状态上的事物的各种意向性，包括句法和整体-部分的结合体被引入我们经验到的事物之时所需要的各种意向性，包括人类特有的回忆方式、想象方式和预期方式，还包括我们能够实行的各种明见性形式以及证实形式。它还包括我们借以被确立为有责任的道德执行者的各种意向性。对于作为理性执行者的我们来说，所有这些以及许多其他形式的意向性都是基本的，如同抽象出共相以及进行三段论推理的能力一样重要。本书描述的所有结构都是先验自我即负责真理和证实的执行者的构成成分。现象学极为充分地描述了我们作为表现的接受者是怎么样的。

的确，理性的一个成分就是能够说出"我"（I）的能力，这种能力就在于使用一门特殊语言的某个符号来特定地指涉我们自己，指涉我们正在使用这门语言并且正在使用"我"这个语词的时刻提出一项真理宣称。如果我说出这样一句话："我相信那扇门是开着的"，我使用"我"这个词做了三件事情：首先，它指涉我，它把我作为正在被讲到的那个人挑出来；其次，它意指我是正在说出这个英语句子的那个人；最后，它意指我是为随后的那个特殊宣告负责的真理执行者。我把我自己标示成这个句子所表达的范畴联结以及其中的真理宣称的责任者。唯有某个先验自我才能够以这种方式说"我"。它可以使用一种语言来说出它正在用该语言断言某件事。

为了帮助我们理解经验自我和先验自我的分别，让我们在自我和一枚棋子之间做一番类比。考虑一下棋局之内和棋局之外的一枚棋子。在某种意义上，一枚棋子是一个单纯经验上的事物。如果我把一个"车"扔在桌子上，我就是在把它当作世上的一个物件来看待，当作"经验上的'车'"。即使我把它从棋盘的一个格子移到另一个格子，我可能仍然是把它当作普通的对象：我可能是在把它看作一个彩色的木块，从我这里向外移动了10英寸。但是，如果我把它当作一盘棋局里的棋子，比如当作正在准备"将死"对手的棋子，那么我就是在把它看成一枚"先验的'车'"，而不仅仅是一枚经验上的"车"。这时候，我把它当作棋局里的一个参与者，而且它也在充当棋局的参与者。与此类似，当我的肉身机体按照理性的规则而运作并参与真理游戏的时候，它就是作为先验自我而活动的。当然，如果这个"车"在棋局中是以某种方式自己走动的（而不是被我移动的），并且可以宣告自己在移动，那么我们的这个类比就会更加恰当。先验自我能够做到所有这些事情：它不仅在真理的游戏中（也就是生命的游戏）主动地行动，而且与此同时还表达它自己。

动物有意识，但是它们没有先验自我。它们可能接近某种近似于语言和真理的东西，但是没有完全进入理性的领域。如果我的狗做了什么"错事"（它突然冲着我叫，或者弄脏了地毯），我可能当时就会以某种方式惩罚它，但是假如我在一个月以后试图向狗重提它的那次"错误行为"或者它先前声张的"意见"的话，那么我的做法就是毫无意义的。然而，如果你向我抱怨我上个月做过的事或者去年说过的话，你的抱怨却是有意义的，因为我是在理性的领域里言说和行动的；我在真理游戏中进行活动，我说过或做过的事情被记录在案，并且超出它发生的境况继续作为这样的活动而持存。我能够作为一个先验的自我而行动，非人类的动物却不能如此。

先验自我的公开性

理性生活是一种公开的事情。它不是被封闭在"意识领域"的孤独或私人状态。它表达在显明的行为和成就之中，表达在从事各种活动的人们那里：他们四处走动、彼此交谈、检验科学仪器、把一束激光对准目标、在考古现场挖掘沟壕、给一位朋友写信、试图劝说某人投票支持某个提案。它呈现在语词、图像和旗帜上。理性生活是公开的，就像足球赛上的破门得分或者拳击赛上的技术击倒一样发生在众目睽睽之下。如果不涉及诸如"工具""语词""陈述""理由""真理"等词项，就没有办法说明考古发掘或者政治辩论，而这些词项都指涉公开行为，而不是指涉私人的、内心的情节。参与理性生活的，不是孤独的觉察，不是巨大而空洞的意识领域，而是理性的动物。

公开的理性生活是先验自我经历的生活，而先验自我也是一个公开的存在体。在讲到先验自我的时候，我们可能会倾向于把它想象成在我们身上过着隐秘生活的某种纤细的东西，位于大脑皮层中间某个地方的一个小斑点。这样的解释是错误的，为了反驳这种观点，我想提供一幅更加具体的画面来表明先验自我是什么。

我在撰写这几页的时候，正值 11 月份，人们正在纪念第一次世界大战结束的"停战日"，停战时间是 1918 年 11 月 11 日的 11 点。电视上播放着这次大战的故事。有一个节目播放了三名英国士兵的一些照片，他们奔赴战场，再也没有回来。其中一张照片拍摄的是一个 21 岁年轻人的形象。他那个时候还活着，穿着军装照相，后来战死疆场。一股哀伤的感觉围绕着这张照片，就是我们得知这些人死于世界大战或其他战争的时候投射到他们的形象上的那种哀伤；照片上的眼睛似乎很快就要闭上了。

当这个年轻人死去的时候，究竟什么东西丧失了？失去的不仅是生物学意义上的生命，而且是理性的生活，[①]如果他活到70岁，这种理性生活就会发生在他身上和周围的事物之中。这种理性生活将会不仅仅是他在这些岁月里提出的正确或错误的言论，而且还包括他的权衡、选择以及人际交往。随着他的有机生命的消亡，他作为一个有责任的真理执行者本来可以完成的事情都消失了。世界本来会向这双眼睛和耳朵显示出来的样子再也不会出现了。他的死不只是化学元素的重新组合，也不只是一个有生命的机体的终结，而

---

① 这里的"生命"和"生活"在英文里是一个词，即 life。——译注

是一个属人的生命的结束——在这个生命里头，理性照亮它周围的事物，并且容许道德上的介入。在照片上的这副面容背后认定它自己的那个自我，把各种记忆、预期配合起来并且在其中经验它自己的自我，不再是对于我们称为世界的整体之中显现出来的各种事物的显现方式的接受者。爱他的人们所爱的不只是一位友好的同伴，不只是一个更加复杂一些的动物，而是能够进入单纯的动物不可能进入的一种生活之中的某个人：这个人为他的言行之真理负责，这个人因为能够领悟到另一个人值得爱，所以能够用爱去回报。

在这个年轻人身上的自我，他的先验自我，不是一个和他截然不同的存在体；它就是作为真理游戏中的一个参与者的这个人，这个人能够进行断言和确证、引述和推论、欺骗和暴露、权衡和决断。自我不是一个分离的事物，而是这个能够过一种理性生活的人。它是能够说"我"并且为它说过的东西承担责任的存在体。此外，先验自我不只是科学的执行者；它并非只是进行推论和建构假说的"智能"；它并非只是一台进行计算的机器。除了是科学的执行者，先验自我也是在人的品行方面的真理的执行者，在这个方面，人的活动都是自由的以及有责任的，因为这些活动都是理智估计所带来的后果。那个能够说"我认为这样或者那样"的"我"，与那个能够说"我打算这样做或者那样做"的"我"，是同一个自我，也是他人可以要求其为"你"的所作所为给出解释的那个"我"。能够说"我"以及能够通过有责任的行动而介入世界的能力，依赖于支撑着思维的有机生命，思维的生命被体现其中的有机生命，然而它不只是这个有机生命：它是理性空间和目的王国的一部分。

一位早逝者的照片——由于他本该拥有的未来的丧失——让我们产生了关于有责任的自我是什么的印象，如果是这样的话，那么一个尚未出生甚至还没有取名字、几乎就是其全部未来之人的照片，也可以起到同样的效果。我们看过生命早期的胎儿照片，它们的眼睛看起来像斑点，嘴巴不能说话，浸泡在羊水里。在胎儿时期无声地一张一合的嘴巴，与日后将会说出"我"的嘴巴是同一张嘴，在触觉、听觉和身体移动的联觉（synesthesia）中正在确立的初期的自我感，与胎儿出生之后的岁月里将会拥有记忆和投射活动的自我感也是同一个自我感。先验自我即表现的接受者已经在那里了，正在为其未来的范畴行为和道德介入奠定基础。早期的自我已经多多少少是真理游戏的参与者了。

因此，心灵和先验自我都是公开的，它们的生活也是公开的。真理执行者的行为，例如判断，在原则上是一种公开的行为。可以把它和敬礼相比，敬礼只能发生在两个人或更多的人之间。判断是真理游戏中的一个步骤，它在原则上涉及执行者、诸多接受者和旁观者。它并不是单纯发生在我们的内心。甚至连知觉都更像敬礼而不是像肚子痛；它也是真理游戏中的初始步骤，它使我们想要做出断言、怀疑别人的言论，或者在人际对话中采取别的步骤。先验自我的行为是公开的，犹如这些行为所涉及的身体是公开的。这些行为都是实际的或者潜在的介入，而不只是私自的思想。

另外，也存在着"先验的你"，记住这一点将会有助于揭示先验自我的公开性。这就是说，先验自我不仅可以被他自己辨识，也可以被他人辨识，而且，在被他人辨识的时候，他就被称作"你"。不过，出于某种原因，拉丁语中的"tu"（你），在这里听起来不太适合作为先验自我的对应者。

现象学态度中的自我

我们注意到，我们一直在考虑的先验自我的全部活动都是在自然态度中完成的。它们都是在真理的成就中实行的活动，都是有责任的理性操作。自我即所有这些活动的执行者乃是拥有世界并且继续维持其世界信念的自我。一旦进入现象学态度，我们也就脱离开自然态度，沉思和描述先验自我及其全部成就和意向性，也沉思自我由以被构造成先验自我的各种特殊的多样性。我们描述自我如何确立自己，如何作为表现的执行者而向自己和他人呈现它自己。

与自我在自然态度下的各种活动相比，向现象学反思的这种变换更加深远地"伸展"自我。一旦进入现象学反思，我们就在一种新的、哲学的方式上成为真理的执行者。我们从新的视角提出真理宣称，这个新视角彻底不同于自然态度范围内发挥作用的各种视角。我们能够从新的角度、在新的意义上说出"我"。然而，对自然的自我进行观察的哲学上的自我并不是另外的一个存在体，不是别的什么人；它是同一个"我"（me），只不过现在被伸展到新的反思形式之中。

此外，先验自我实际上**并不是**仅仅在现象学态度之内才开始发挥作用。实际上并不是唯有在哲学上反思的自我才是先验自我。先验自我已经活动在自然态度中。任何真理的成就，理性的任何作用，都是先验自我的作用。任何提出真理议题的范畴意向也都是先验自我的作用。先验自我在自然态度中获得真理，但是这种朴素的真理成就需要在哲学中完善，也就是把真理理论化。在自然态度中达到的真理是不完善的，因为它没有沉思它自身。以现象学态度来实施的哲学，把前哲学生活中获得的各种表现带到一个新的层次上。在自然态度中，我们拥有一个世界，我们运用理性，我们跨越

123

在场和缺席进行同一性认定，我们进行确证和驳斥，我们也撒谎、欺骗和陷入谬误；但是在现象学态度中，我们澄清所有这些所作所为都是什么。

对自我的认定过程中存在着三个阶段，有必要概述一下这三个阶段：

在第一个阶段，知觉及其变体的意向行为的执行者达到一种同一性：发生在下述两者之间的自我的同一性，一方面是生活在此时此地的境遇之中的自我，另一方面是在回忆、想象和预期行为中被移置的自我。例如，就像我们在第五章已经看到的那样，正在回忆的自我和被回忆的自我，是同一个自我。

在第二个阶段，范畴活动的执行者达到一种提高的同一性。用句法来联结其知觉或回忆到的东西的人，不只是在进行知觉和回忆；他还引起范畴对象，以及范畴对象所包含的全部责任与证实的维度。在这个阶段使自己现实化的自我，当其对于有关真理或表现的事务明确采取立场以及说出诸如"我知道 p"或者"我怀疑 p"等事情的时候，能够指涉它自己。在这里出现的自我显然与记忆、想象和预期行为中出现过的自我是同一个自我，然而它现在是带着更大的责任和知识魄力而出现的。它现在采取它能够担保的诸多立场和意见。很明显，它不可能成为这个层面上的自我，除非首先巩固它在第一个阶段上的同一性，否则的话，较低层面上的心理分裂可能阻碍较高层面上的活动。各种情绪紊乱可能削弱理性思维。

在第三个阶段，自我不仅发展出越来越多的意见或科学真理，124 而且还反思什么是拥有意见以及什么是追求和证实科学的宣称，在这个时候，自我达到更进一步的同一性。现在，自我"高高地翱翔"在第一和第二个阶段的全部意向性之上，并且对它们进行分析。它也在新的方式上据有它自己的自我；它取得作为真理执行者的责任，而这种责任不同于它在第二个阶段所拥有的各种责任。

我们将在第十三章考察现象学真理的特殊品质以及与之相联系的责任。至于目前来说，指明自我的含义在这些不同的阶段上如何发展就已经足够了。

自我与肉身性

即使是先验的，即使是作为真理的执行者，自我也是以肉身的方式而实存。自我对它自己身体的经验方式不同于它对世界上其他事物的经验方式，然而身体也是世界上的一个事物，并且如同世界上的事物那样被呈现。我们从内部也从外部经验我们自己的身体。此外，我们控制自己身体的方式彻底不同于我们控制世界上其他事物的方式。那么，自我的肉身性有些什么特征呢？

我们经验自己身体的方式所具有的诸多特点尤其表现在触觉方面。（1）当我用身体的一个部分触及另一个部分的时候（比如用我的右手触摸我的左肘），被触及的部分受到的对待就像我可能触及的其他任何世间对象那样。正在进行触摸的手就是我的先验自我正在此刻活动即进行其知觉和范畴联结之处，它的注意力指向我自己的另一个部分，即我的左肘（"我的左肘似乎在发肿"）。（2）然而，即使在这个阶段，被触及的部分，也就是左肘，感觉到手的压力，于是，当我感觉到使左肘被揉摸的感觉如何的时候，我也在从那个方向有些被动地进行着知觉。（3）但是在这个时候，被触摸的部分能够变成主动进行触摸的部分，甚至当我的右手在触摸左肘的时候，我也能够"逆转方向"从而开始注意我的右手怎样感知左肘。尽管有些难以置信，我的左肘确实可以成为正在主动知觉的器官。这时候，我通过肘来触及手，开始把肘作为进行触摸的部分来移动。因此，被触摸者和触摸者是可以逆转过来的；先验自我可以在这两个方向中的任何一个方向上运作。

125　　只有在我自己的身体上，而且只有在触觉方面——它是所有感觉当中最基本的感觉——才有可能发生这种逆转。可能与此相似的情况，就是对另一个人的拥抱，而且，拥抱也可能是这样的企图，即想要努力接近我们与我们自己的统一（可以用隐喻的方式说，我们和我们所拥抱的人变成了一个身体），然而我们实际上永远不能成为一体。莎士比亚让我们想起触摸具有的这种两可性，他在《特洛伊罗斯和克瑞西达》里（第四幕第五场）让克瑞西达问道："亲吻的时候，你是给出了吻还是获得了吻？"

在触觉中发现的这种奇特的可逆性表明，即使是作为先验自我，即使是作为真理的执行者，我们也被隔离成身体。此外，还有其他的方式来经验身体，这些方式都与触觉有关，帮助确立我们的肉身性：我们在空间中的位置感、摆放四肢的经验、我们的平衡感、我们感觉到的对重力的抵抗，以及我们感到的来自椅子或地板的压力。我们被感觉到的肉身性建立起一个处所，先验自我就在那里运用它的所有意向性，从知觉及其变体直到范畴联结以及现象学反思。我们的视觉、听觉和味觉行为全都发生在身体的空间之内，我们的记忆也都储存在那里。全部意向性活动，无论是知觉的还是范畴的，都发生在头顶和脚跟、前胸和后背、左侧和右侧以及两臂所标记出来的这个空间之内。

身体的空间性不仅仅是触觉的，而且还是可移动的。我们控制着身体的各个部分，而且可以直接移动它们；如果我们希望移动其他的事物，我们只有首先移动自己的诸多身体部位才能做到这一点（我们唯有举起我们的手和手臂，才举起某个东西，但是我们不必移动任何其他东西就可以举起自己的手和手臂）。身体的各个部分可以在彼此的关联中移动，而身体本身的移动则通过世界的空间。不过，我们的移动并非只是为了让其他对象移动。甚至我们的知觉，也包括我们的思维，都涉及这种或者那种移动。为了看到立方体的其他侧面，我们会绕着立方体走动；为了聆听小提琴的演奏，或者为了闻到正在烹饪的美食的香味，我们会走到更合适的位置；我们的手指在砂纸表面移动，以便断定它是几号砂纸；我们把食物放在舌头上搅动，以便品尝它的味道。我们的视觉也需要移动：甚至一只眼睛也能够调整焦距来适应远近；两只眼睛一起看，通过它们轻微的会聚，就产生出立体透视的景象；头部可以从一边转到另一边；整个身体的移动让眼睛能够把正在观看的对象的全部侧面尽收眼底。事实上，只有当我们能够在空间中四处移动的时候，客观空间里的各个点才能够被确立起来。假如我们是不动的，我们可以在视觉上经验到事物的有些表面阻隔着其他表面，但我们感觉不到诸多事物能够在其周围环绕起来的固定点。

126

　　因此，在人的感性中存在着许多部分和整体，许多要素，它们为范畴活动中发生的部分与整体的联结提供了基础。这几种感觉通过联觉而达到同一性，达到对于通过遍布我们全身的各种感觉而被给予的单个对象的辨识。这些各种各样的感性部分，无论是意向活动方面的还是意向对象方面的感性部分，都是对象由以从越来越多的视角而获得认定的多样性：这棵树被看见、被听见（在风中）、被触摸、被闻到气味；我们绕着这棵树走动，甚至爬上去；我们修剪它的枝条，剥掉它的死皮。在所有这些活动中，同一棵树在其同一性上并且在其诸多特征之中得到记示。

　　此外，对于这棵树的这种记示，是由感知和联结这棵树的先验自我所完成的，而且自我在认定诸多树木以及世上其他事物的时候，它也随着时间的流逝持续不断把它自己的身体认定为它"在其中"度过其生命的特许对象，这个特许的对象提供了不可逃避的肉身的"这里"，以至于自我永远都无法逃离。身体对于我来说是"这里"的方式，不同于任何世间的处所可能是"这里"的方式，哪怕是我们最熟悉最钟爱的居所。另外，当自我认定世界上的事物以及它自己的身体的时候，它也在不断地认定它自己。正是同一个自我在回忆它自己25年前爬上这棵树的情景，在预期第二年冬季下雪天看见这同一棵树的情景，在想象这棵树旁边要是再种上几棵别的树木的话看起来会是什么样子。

我们的肉身性有很多让人感兴趣的方面，其中一个最有趣的方面，就是我们的身体储存各种记忆的方式。我们作为先验自我的同一性，是通过在回忆中进行的移置和认定而被确立起来的：此时此127 地的我，与我在记忆中回忆起来的彼时彼地的我是同一个我。然而我的生活中被回忆到的部分并不是始终活跃的；它们绝大部分都处于潜伏状态，被储存在我的神经系统中，被储存在与我的周围事物不同的身体之中。我经历过的一切都以某种方式在那里存在着，其中有些部分时不时地显露出来。在被储存起来的时候，它纯粹是化学的和有机体的，然而一旦被激活，它就再次成为我的先验生命的一部分。在涉及记忆的潜伏性的时候，先验自我和经验自我之间的两可性显得特别突出。

现象学的任务之一，就是从先验的态度出发，详尽地探讨我们的各种感觉和运动如何确立我们自己的肉身性。我只是概略地介绍了一些可以做出的描述。这里应该提到的一点是，把我们的身体呈现给我们自己的那种显露所具有的诸多结构，都是达到诸如范畴思维、精确科学、形式逻辑和数学等等事物的同一个认知生命的组成部分。一个接受者——即表现的接受者——活动在意向性的所有这些层面上。

非定点的自我

　　现象学有时候也遇到很多抱怨，其中之一就是认为它似乎把自我实体化了，把自我变成了一种脱离其历史的固定点，一个自给自足的、毫不含糊的、不被它所遭受和处理的事情影响的"自我极"。这种观点认为，与现象学的看法相比，自我实际上更加难以捉摸、灵活易变，也更加容易受到影响。但是现象学并没有把自我定点化（punctualize），它通过描述自我特有的多样性从而辨识自我的特别的同一性。在现象学那里得到辨识的自我，并不是站在它的知觉、记忆、想象、选择和认知行为的背后或外部的一个点；相反，它通过这些成就而被构造成同一性。它是通过诸多延迟和差别而被现实化的。例如，它是进行回忆和被回忆的同一个自我。它就在它的各种当下的知觉和移置"之间"而不是"背后"。而且，自我散布在被体验到的（lived）身体各处，活跃在身体的各个部分，而不是被安置在身体的背后。它在其无意识的甚至身体的生命那里都是可认定的。在身心方面正在变老的自我，把它自己认定成一度年幼和年轻的同一个自我（某个人自己婴儿时期的照片带有某种离奇的东西）。自我甚至以一种独特的方式被构造：通过观看它在镜中的身影，它如同他人看它一般看到它自己。

　　进行知觉、想象和回忆以及在它的身体储存的记忆里潜伏的自我，与说出"我"并且实施范畴活动的自我是同一个自我。这个自我也通过它的权衡而对诸多境况进行联结，并因此展示出实践和道德品行的诸多可能性。它想象着把它自己移入将来完成式，估计如果实施这个或那个活动的话，它将会是怎么样的。在更为理论化的事务上，自我持有关于事物存在方式的意见，而且反对可能用别的方式来思考的其他自我提出的种种看法。它听取辩论，并且可能承认它的观点是错误的，而在它承认错误的时候，它就把它现在所是的它自己与持有其先前信念的它自己区别开来。

自我通过多样性而被确立起来，我们在引述（quotation）的现象那里可以看到这些给人留下最为深刻印象的多样性当中的一个。在进行引述的时候，自我用它自己的声音来表达他人的心灵，来构造属于另一个人而不是它自己的范畴对象：我在此时此地，伴随着如此向我显现的世界，可是此时此地的我却能够通过我自己的语词来表现已经显现给其他人的世界的一部分。这就出现了一种对于心灵的复制，与此伴随，还发生了对于那个说出"我"的言说者的复制。在所有这些差别和活动中显露出来的自我，并不是一个定点的事物，不是始终完成了的同一性，而是仅仅存在于丰富多样的显象和行为之中的同一性。存在着自我的同一性，不过这种同一性恰恰是通过离心作用（decentering）而达到的。

尽管如此，自我还是在有些时刻被定点化了：如果我处在一群人中间，而且我的立场与他们的各种立场都截然对立，那么这时候我就很显眼了——我就是坚持认为实际情况确实是这样或那样的"那一个人"。我需要自我意志力来坚守我的立场。如果我的周围正在形成一种严重的形势，而且明显的情况是如果我不行动，将不会有人去行动，那么我就被实际的需要定点化了。所有的线索都汇聚到我这里，汇聚到我身上而不是任何他人身上。按照这种方式，我被凸显出来，恰恰因为我是这种范畴行为的突出的执行者，是明见性的执行者和真理宣称的所有者，无论在理论方面抑或实践方面都是如此。我之所以是这样的执行者，并非由于我是一个物理的或者心理的存在体，而是由于我是某个能够说出"我"的人。然而，甚

至这些对于自我的强烈认定也都不是绝对的：即使我的自我成为众人瞩目的中心，我依然是同一个，依然是能够回忆和预期其他境况

的那个我，是控制着此刻处在各种事物中心之处的这具身体的那个我，是情绪可能会波动起来并淹没我正在试图做出的决定的那个我。

　　自我特有的多样性不是在岩石、树木或者非人的动物那里被实现的。这些多样性是表现的接受者特有的，而这种接受者的自我既是灵活可变的，又在它的整个意识生活中持续不断地保持同一。这种执行者的声音不仅言说事物存在的方式，而且还记示它自己，当它说出"我"的时候，恰如言说这些事物——现象学承认这种执行者的复杂性和神秘性。

第九章
时间性

现象学发展出了一个高度联结的关于时间和时间经验的理论。它所描述的时间性在确立人格同一性方面扮演着重要角色。此外，正是在时间性领域，现象学达到了可以被称为它所考察的事物的第一原理。现象学讨论的所有事物，包括意向对象和意向活动，都渗透着时间，而对于时间的现象学"起源"的描述也就接触到一种哲学上的中心。

时间性的层次

可以分辨出时间结构的三个层次：

1. 第一个层次是**世界时间**，即钟表和日历时间。也可以把它称作**超越的时间**或者**客观的时间**。这是属于种种世间过程与事件的时间。当我们说一场宴会持续了两个小时，或者说玛丽比道丽丝早两天回来，或者说歌剧的序曲在歌剧之前，这时候，我们是按照世界时间来排列这些事物和事件。可以把这种时间比作世界的空间性，即事物占有的几何学广延以及事物之间的位置关系。就像这种空间一样，客观时间是公共的、可证实的；我们可以用时钟精确地测量出一个过程花费了多少时间，而且我们也会对测量结果取得一致意见。被测量的时间位于世界之中，位于我们所有人在其中栖居的共同的空间之中。

2. 第二个层次是**内时间**。它也可以被称作**内在的时间**或**主观的时间**。这种时间属于心灵活动和经验即意识生活事件的绵延和序列。意向性行为和经验一个接一个地发生，而且我们也能够通过记忆召回先前的某些经验。如果我回忆昨天晚上观看演出，那么我现在就是在重演我当时有过的知觉。我的意向和感觉按照时间顺序得到安排的方式——既和它们彼此相继有关，又和我当下的经验有关——发生在内在时间之中。可以把这种内在时间性比作我们"从里面"所经验到的身体空间性。内在时间中存在着一些序列，因为一个行为或经验可以发生在另一个行为之前、之后，或者与之同时发生。然而这些序列和绵延不是按照世界时间来衡量的，就像我的手腕与肘部或者胸部与胃部之间被感觉到的内在"距离"不能用标尺来衡量一样。我确实经验到一个意识事件发生在另一意识事件之前或之后，但是这个序列不可能按照我对某个人跑步进行计时的方式来"计时"。内在时间不是公共的，而是私人的。

3. 有人可能会认为，我们上面区分出来的两个时间层次已经穷尽了时间的可能形式。有人可能会认为，区分出客观时间与主观时间就已经足够了。然而，还必须把第三个层次即**内在时间意识**加给这两个层次。这是超出第二个层次的一个步骤。第二个层次是内在时间性，然而第三个层次是**对于**这种内在时间性的**觉察**或**意识**。换句话说，单凭第二个层次不足以说明它自己的自我觉察，必须引入第三个层次来说明我们在第二个层次上经验到的东西。第三个层次有一种特定的"流"，与超越的时间和内在的时间之中的"流"不同。不过，这个层次不需要再引入另一个超出它自己之外的层次。

因此，第三个层次达到了一种封闭性和完备性。不需要在它之外再设定任何更进一步的层次。在现象学那里，这个层次——伴随着发生在这个层次上的特定的流——是一种绝对。正是在这个领域里，可以抵达作为现象的各种事物的最初开端。它并不指向超出它自己的任何更加基本的事物。它就是终极的语境、最终的视域和底线。它给现象学所分析的全部其他的更为特殊的事物和事件提供了背景，但是它并没有反过来预设任何更加终极的语境。它给其他的一切奠基，但是不被任何事物所奠基。在现象学那里，内在时间意识领域是各种最为深刻的区分和同一性的起源，而这些区分和同一性则是我们的经验中发生的其他区分和同一性所预设的前提。显然，它也是一个非常难以谈论的领域，因为这需要转变那些最初是与世间对象相配合的词汇。不过，如果利用部分与整体、同一性与多样性以及在场与缺席等形式，我们也许能够更清楚地表达这个领域出现的议题。

132

    不过，在讨论关于内在时间意识的诸多棘手的问题之前，让我们先来看一下超越的时间和内在时间之间的相互作用，也就是这一章开头部分区分的第一个和第二个时间层次之间的相互作用。我们可能会认为客观时间是最基础的，因为即使我们连同我们的主体性都不再存在，世间的绵延还是会继续下去。但是，作为一种现象，客观时间却是依赖于内在时间的，即第一个时间层次依赖于第二个层次。世间的事物之所以能够用钟表和日历来测量，能够被经验为持续的存在，仅仅是因为我们在主观的生活中经验到一连串心灵活动。如果我们既不曾预期也不曾回忆，那么也就不可能把世界上发生的过程组织成时间性模式。如果试图对世界时间做出现象学分析，我们就必须提到作为世界时间的一个条件的内在时间结构。只是因为我们拥有主观的内在的时间，客观时间的展现才得以对我们发生。因此，世界时间的意向对象结构依赖于内在时间的意向活动结构。因此，从现象学态度的制高点来俯察意向性的时候，我们就看到世界时间是与内在时间相关联的。作为一种现象，超越的时间被奠基于内在时间。

当然，作为活生生的有机体，我们都陷在客观时间之中。在阳光下暴晒了三个小时之后，你被晒黑了；在通风不良的房间里待了整整一个下午，我无法清晰地思考了；她约会迟到了。像所有对象一样，我们也服从于在世界之中起作用的因果效应。但我们不仅仅是世界之中的事物，我们还是显现的接受者或者说是先验自我，就此而论，我们面对着世界并且让它向我们显现，而对于世界和世界之中的事物的显现来说，我们的意识经验的时间之流则是这种显现的一个条件。自我既是世界的一个部分，又拥有世界，自我的这种悖论关系在时间性方面再次走到前台：意识的内在之流被安顿于发生在世界之中的过程里面，但是它也面对着世界，为世界得以显现而提供诸多意向活动的结构。我们发现自己既生活在客观时间之中又生活在主观时间之中。表现的接受者，即先验自我，并不是一个单一而静止的点；它牵涉到一个在时间中展开的过程，但这个时间是它自己的内在时间性，而不是钟表和日历的客观时间性。

于是，如果内在时间是客观时间显现的条件，那么，第三个层次的时间性即内在时间意识，则是内在时间显现的条件。

内在时间意识问题

让我们现在来探讨内在时间意识问题。我们已经说过，与世界时间相对的内在时间并不是最终的时间类型；它不是最终的背景。并不是只有客观的时间之流及其相关的主观的时间之流伴随着我们，相反，内在时间之流需要更基础的东西来为它奠基。这个更基础的东西就是内在时间意识领域。对这三个层次的图示如图 1：

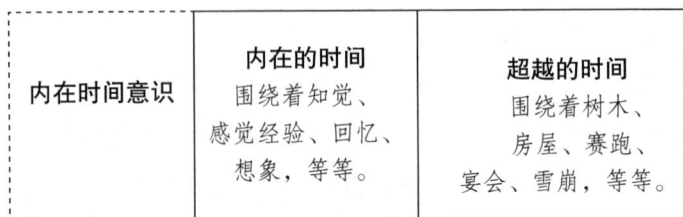

内在时间意识	**内在的时间** 围绕着知觉、 感觉经验、回忆、 想象，等等。	**超越的时间** 围绕着树木、 房屋、赛跑、 宴会、雪崩，等等。

图 1

可以说，内在时间意识比内在时间"更加内在"。它构造我们的意识生活中所发生的各种行为——诸如知觉、想象、回忆以及感性经验——的时间性：它使得这些内在对象的显现按照时间来延伸和排序。然而，这些意向本身只是对于它们所指向的事物的
134 呈现：它们是对于世界之中的事物与过程的知觉、想象和范畴意向。因此，内在时间意识的影响延伸到这些超越的对象，也延伸到它们的超越的时间。内在时间意识不但构造我们的意识生活的内在时间性，也构造世间事件的客观时间性。对于所有其他形式的意向性构造具有的时间性来说，内在时间意识都是核心。

所有这些宣称或许显得夸大其词。它们也许显得有些不大可能，显得矫揉造作。它们似乎暗示说，内在时间意识就像新柏拉图主义所说的那种存在之源，主观经验和世界上的事物都从这个源泉流溢而出。内在时间意识似乎被赋予了一种高于一切的形而上学优先性。它被赋予了如此的力量，这难道不是有些思辨和过分了吗？它不过是世界的一块隐蔽的区域，如此微小，而且甚至是比我们的意向行为还要内在的东西，怎么可能对事物的存在具有如此强烈的影响？在进入这个领域的时候，现象学似乎突然搞起人为的建构来

了，它好像并没有忠实地描述向我们显现的东西。

对于内在时间意识的现象学描述确实是一个不寻常的学说。它的有些术语似乎是极其内在的；它似乎是说，在我们的存在之核心，我们都被幽闭起来了，而且这个幽闭之处比先验还原所达到的那种主体性还要私密。有关时间性议题的修辞和词汇在最开始的时候确实显得令人困扰。但是，在摒弃这个学说之前，我们还是应该对它必须就我们的时间经验做出的论述进行一番检查。说不定这里蕴含的道理同我们偶然瞥见的东西大不一样。

活的当下之结构

在试图说明我们如何经验时间性对象的时候，我们通常都倾向于说，我们有一系列的"现在"被一个接一个地呈现给我们。我们倾向于说，时间性经验非常像是一部正在播放的影片，一次曝光（一个在场）紧接着另一次曝光。对象的一个状态接着另一个状态，连续地冲击着我们的视觉。但是我们对时间绵延的经验不可能是这样；反过来讲，如果真的是这样的话，我们就永远感觉不到绵延，感觉不到连续的时间过程，因为我们在任何给定时刻所感觉到的只是在该时刻被给予的那个画面。此外，不但正在放映的影片会是离散而不连贯的，而且我们关于序列的经验也会成为这个样子；我们自己可能会从一个经验跳到下一个经验，我们决不会感到自己正在观看的东西是超出那个瞬间被给予的画面之外的。我们也不会感到我们的经验甚或我们自己正在经过时间而持续着；我们不会产生关于连续之流的感觉。这样，对象、我们的经验以及我们自己都不会有任何时间上的连续性。我们以及我们经验到的东西只不过是短暂的闪烁、片刻的在场、瞬间的曝光。

135

我们也许会试图把连续性和序列引入进来，以便描述我们的经验，我们可能会说：在任何时刻我们的确只有一个被给予的画面，但是在获得这个画面的同时，我们还记得先行的画面；于是我们把它们作为先前的画面与此时正在被给予的这个画面联系起来。我们至少会记得当下的这个画面之前的一些画面。我们有先前画面的摹本。因此，通过这种与我们的知觉相伴随的记忆，就会产生一种连续感。

然而，这种说明不够深入。如果我们说我们**回忆**一个先前的画面，那么预设的事实就是我们已经有了对于这个过去的感觉；但是这种过去的感觉又是如何被我们逐渐地觉察到的呢？如果我们只是看到一个画面接着另一个画面然后再一个画面，那么我们经验到的将会全都是当下的画面，即使回想先前的一个画面，它也只是作为另一个当下的画面而被给予我们。我们拥有的全都是纯然的当下，没有任何过去感可以被显露给我们，甚至在先前画面的摹本那里也揭示不了。于是，过去的维度也就从来没有把自己与当下区分开。

我们还应该进一步补充说，除了必须设定有关过去画面的回忆之外，还要设定对于正在来临的画面的预期，因为我们的经验不但延伸到过去，而且还延伸到未来。我们的知觉必须伴随最近的记忆行为和最近的预期行为。但是问题再次出现了：如果对于未来的感觉不是从开始就被给予的话，那么我们怎么会把预期理解成指示着我们朝向未来呢？我们怎么会知道被预期的画面是未来的而不是另一些当下的画面？不管是未来的还是过去的画面，都不会与当下的画面区别开。

因此有必要承认，在我们的直接经验中，我们不只是拥有被给予我们的当下的画面；就在我们最基本的经验中，我们还拥有直接被给予的关于过去和未来的感觉。用威廉·詹姆斯的话来说，我们关于当下的经验并不是刀锋状的，而是马鞍形的。在知觉中给予我们的东西，不但有逐渐消失的部分，也有逐渐出现的部分。如果关于当下的经验不是这样，我们就永远不会获得关于过去和未来的感觉。试图在"后来"、在我们的初始经验之后再把这些感觉插入经验之中，这可就太晚了。关于过去和未来的原始感觉必须从一开始就被给予。

更进一步来说，宣称我们拥有这样的对于未来和过去的最初感觉，这并不是通过论证而导致我们提出的公设；它既不是假设也不是推论。相反，它合乎我们经验事物的方式：不论我们经验什么，无论是世界上的事物和过程，还是主观的行为和感觉，我们都按照它们的实存将其经验为"正在发生"（goings-on），将其经验为"流逝"。只是因为它们此时逐渐消失，我们才能够在后来回忆它们，并且辨识出它们是过去；只是因为它们现在进入我们的视野，我们才能够在更远的距离上预期它们。在反思我们的经验之时，我们发现它是一种展露，进入到直接的过去和未来之中的展露。过去和未来的最初缺席，在我们的所有经验之中都是在场的。

为了帮助描述直接的时间经验，现象学引入了几个专门术语。**"活的当下"**一词意指我们在任何时刻都拥有的对于时间性的充实的直接经验。活的当下就是在任何时刻的时间性整体。作为整体，这种活的当下由三个要素组成：**原印象**、**滞留**和**前摄**。这三个抽象的部分，这三个要素，是不可分割的。我们不可能只拥有一个孤零零的滞留，也不可能只拥有一个孤零零的原印象或前摄。活的当下是由这三个作为要素的部分所组成的整体。图2是对活的当下之结构的图示。

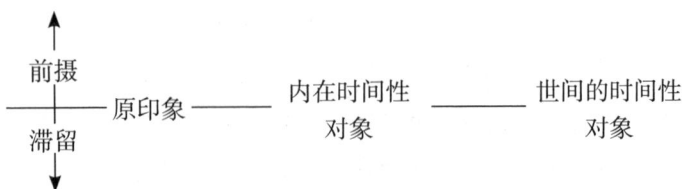

```
      ↑
    前摄
    ─┼──── 原印象 ──────── 内在时间性 ──────── 世间的时间性
    滞留                    对象                  对象
      ↓
```

图 2

137　　　如同该词表明的那样，滞留指向过去。它"保持"某事物。它保持什么呢？它保持刚刚消逝的活的当下。这一点既微妙又重要。滞留并不是立即保持正在被经验到的时间性对象（比如旋律或愤怒的情绪）的某个先前的画面或阶段。它保持的是消逝了的活的当下，保持的是消逝了的时间性经验。

　　现在，这个消逝了的活的当下本身也是由原印象、滞留和前摄所构成的。因此，在对消逝了的活的当下的保持当中，当前的这个滞留也保持那个在它里面消逝的滞留。而后者反过来又保持了在它之前的活的当下，这样，通过在先的当下的中介作用、通过在先的滞留的中介作用而被保持的诸多消逝了的当下就形成了一个整体系列。在这种活的当下那里，我们拥有一个滞留的滞留的滞留。我们从未拥有一个完全孤立的原子式的当下；由于活的当下有这个滞留要素，所以它总是拖着一条由诸多消逝了的当下及其滞留所形成的彗星尾巴。

　　我们应该强调这个事实：在活的当下之中所包括的滞留，并不是一个平常的回忆行为。它比记忆基本得多。滞留在时间绵延的最初确立阶段发挥作用。它先于回忆行为。它所保持的东西尚未落入遗忘之中从而缺席，因此，通常含义上的记忆还不可能开始发挥作用。同样，指向未来而与滞留对应的前摄，也不同于充分的预期或投射，因为在预期或投射行为中，我们想象自己处在一个新的境遇之中。前摄更为基础，也更为直接；它直接依据我们现在拥有的东西，把有关"来临的事物"的最初而原本的感觉给予我们。前摄打开了未来的维度，并且因此使得充分发展的预期成为可能。

前摄、滞留和原印象都是我们的经验朝向未来和过去的原初　138
敞开。这种突破直接的当下而进入未来和过去的方式，被海德格尔颇为生动地称作我们的经验所具有的**绽出的**（ecstatic）特性，而这三种敞开形式则被他称为时间的**绽出**。"绽出"这个词源于希腊语，由前置词"ek"（意为"出来"）和名词"stasis"构成，后者则来自动词 histēmi（意为"站立"）；"绽出"意味着，在最基本的时间经验中，我们并不是被封闭在孤立的当下，而是"站出去"进入过去和未来。

这种对于直接的时间经验之结构的解释，以及它所诉诸的原印象、滞留和前摄，都给这个解释本身加上了一种差不多是数学化的风味。它有些类似于通过描述点来产生出一条连续直线的过程：任何一点都必然有其直接相邻的点（左右相邻），相邻点又必然有其相邻点，等等。任何一点只有通过它较近的邻点的中介而与较远的点关联起来。按照这一理解，可以说，一个点并不是一个离散的单元，而是指向下一个点，并通过这个点而指向直线上所有其他的点。将这个类比进一步引申，则可以说，好像只有当一个点必然有其直接的邻近点，并通过这些邻近点而必然有较远的邻近点，直线上的每一个点才可能**是**一个点，才可能向外"朝着世界"而展露。

数学家们会不会想要按照这个方式来重新定义"点"，这个我们可决定不了。但是，在我们的时间经验中，最终极的单元，活的当下（"点"），必须以这个方式来描述，以至于这个当下——由于某种方式——包含着对在先的和后继的当下的参照和容纳。如果我们是在和时间打交道的话，我们就不能把瞬间的时间点定义成全然原子式的点，仅仅是当下的时间点，完全没有牵涉到特定类型的缺席，即未发展的（rudimentary）过去和未发展的未来。

到目前为止，我们只是考察了这种活的当下之结构，也就是时间性的在场之结构。这种活的当下并非只是随意地飘浮着；它是意向性的，它意向或表现时间性对象，诸如一段旋律或者一阵疼痛。在我们的现象学分析中，我们还必须描述活的当下所面对的这些对象具有的时间性方面。

139   与现实的活的当下相关联的对象方面，就是对象的**现阶段**（now phrase）。与消逝的但又被保持的当下相关联的对象方面，则是一个先前的现阶段。用图式化的方法来说，每一个被保持的当下都有与之相关联的对象的一个现阶段：

$$
\begin{aligned}
&\text{活的当下}_0 &\rightarrow\quad &\text{现阶段}_0 \\
&\text{活的当下}_{-1} &\rightarrow\quad &\text{现阶段}_{-1} \\
&\text{活的当下}_{-2} &\rightarrow\quad &\text{现阶段}_{-2} \\
&\text{活的当下}_{-3} &\rightarrow\quad &\text{现阶段}_{-3} \\
&\quad\cdots\cdots & &\quad\cdots\cdots
\end{aligned}
$$

目前的活的当下保持着刚刚消逝的当下，后者反过来又保持它自己之前的当下，等等，而在对象方面（即"意向对象的"方面），对象的时间性阶段也都按照它们彼此相继的顺序而被保持在适当位置上。因此，一段旋律（或一种感受）的各个阶段一旦被原初地记示，那么也就在时间上排定了顺序。它们在时间上被定下了位置标记，并且在它们的连续之中被内在地排定了顺序。当我们回忆一段旋律的时候，同样的排序也就再度出现，因为记忆在主体方面和对象方面都重新激活了时间之流。

　　最深刻的意识生活的每一个片段，即活的当下，都有着双重的意向性。一方面，它保持它自己的先行的当下，并因此而建立一种初发的自我认定。另一方面，通过这些同样的滞留，它按照对象在时间中的展开而建立被经验对象的连续性。因此，内在时间意识运用一种所谓的**纵向**意向性来建立它自己的连续的同一性，运用一种**横向**意向性来使它的对象随着时间而被给予。

　　然而，一个活的当下的滞留范围向后回溯得只有这么远；它并没有持续不断地延伸到意识生活的真正开端之处。滞留会在某个点上消退，与之相应的现阶段也会渐渐湮没。这就是全部意识要素周围环绕着的时间性黑暗。意识之光反照一些阶段，但是这些阶段之前的对象以及我们关于这个对象的经验就不再得到记示了。它们进入到更为确定的缺席状态。不过，我们可以通过记忆来恢复它们，我们在记忆中再次体验到先前的时间之流，包括内在的和超越的时间之流，如其原本的持续。当它们被再现的时候，我们使之重新获得生命。我们不可能回忆在活的当下的滞留范围内依然继续发生的事情；经验及其对象必须先被遗忘之后才可能被回忆。因此，回忆是一种离散的新开端，是再度回到已经失落在意识之外的事物。

　　事实上，我们在第五章考察的意识的各种移置，都是意识的当下时间之流的中断，也是在它内部引入一个新的、第二个时间之流：作为被回忆、被想象、被预期的我们自己的经验之流。我们当前的经验之流可以有一个被安顿在它的范围之内的平行的经验流。对这些移置的谨慎运用，类似于将范畴行为引入到知觉之中。在记忆、想象和投射行为中发生的各种移置，不仅为提高的对象的同一感提供了可能，而且还为提高的自我同一感提供了可能；这些同一性超出了在活的当下层次上出现的各种原始的但又更为基础的同一性。

内在时间意识中的细节与困惑之处

内在时间意识领域既是主观的内在时间之流的基础，也是客观的世界时间即超越的时间之流的基础。它使得这两种时间之流能够表现自己，因此在现象学上比它们更为基础。然而，这个领域并不能独自存在。它的全部含义就在于表现主观的时间之流和客观的时间之流中的时间性对象。我们不能把内在时间意识孤立出来从而单独地"拥有"它。这样的做法是典型的哲学错误，误把要素变成实体性部分，误把一个抽象部分变成一个整体。内在时间意识附着于内在时间及其对象，并通过内在时间和对象而附着于世界时间及其对象。虽然内在时间意识比它们更根本，然而它却是它们的一个要素。

更进一步来说，对于时间意识的分析只是提供了时间的形式结构。计时并非一切，它只是对时间性对象来说的一个形式。依靠关于时间的"起源"的分析，我们说明不了树木、猫狗、官僚、旗帜、旋律、太阳系、疼痛感、知觉和范畴行为等的起源。我们只是澄清了这些事物在其中实存并且表现自己的时间层次。时间的形式结构需要得到各种对象和行为的充实，而这些对象和行为则需要与之相应的特定分析，因为它们的呈现形式截然不同于时间性的各种形式。不过，因为时间渗透于事物之中，所以时间性结构的确适用于所有事物，包括主观的和客观的事物。

当我们借助适用于日常对象和过程的标准来衡量内在时间意识，就会发现它是悖论性的。如同我们在图1中看到的那样，内在时间意识领域是在我们的主观时间过程之外的，或者说，它比主观的时间过程还要内在；它甚至比感觉和意向行为之流还要深刻。正因为它如此深刻，所以，使用"内在"这样的词项来对它进行描述的做法就会受到质疑。它超出了内在和外在。我们逐渐看到，它实际上不可能在空间中定位。它甚至比我们常规的意向行为更为彻底地逃脱了通常含义上的时间和空间。

内在时间意识由活的当下连续自身的时候所构成。这种连续（succession）是一个过程吗？它的流动方式是和感觉与意向行为的流动方式相同的吗？不；它的变化方式必然不同于感觉、行为、旋律和赛跑的变化方式。但是内在时间意识必须"变化"；它必须有它自己的流动方式。一个活的当下确实连续另一个当下。尽管如此，"连续"一词在这里表达的意思还是不同于它在形容婉转起伏的旋律或感觉的时候所表达的意思。我们只能想办法清楚地说明这种连续具有的特性，这些特性都是通过在此连续中发挥作用的"滞留"和"前摄"而被表达出来的。活的当下$_{-2}$"先行于"当下$_{-1}$，它们都被保持在当下$_{-0}$之中，而当下$_{-0}$则是此刻唯一算数的当下，因为此刻唯有它是现实的（actual）。

因此，这种形式的活的当下自动而不断地前进着，不快也不慢，始终是时间性的经验具有的现实性。它是居于时间性的核心之处的小引擎。它是时间的起源，因此它以某种方式处于时间之外（也在空间之外），然而它确实享有专属于它自己的分化和连续。它既停滞又流动，所以胡塞尔将其称为"停滞而又流动的当下"（stehendströmende Gegenwart）。它既分化又聚集，既流动又抑制，既展开又封闭，就像浑然为一的火焰与玫瑰［T. S. 艾略特《小吉丁》（Little Gidding）尾句］。它是最基础的部分与整体、在场与缺席以及多样性之中的同一性的场所，而这些又是所有在经验之中被构成的更为复杂高级的形式的前提。这个活的当下也处在真理和活动的有意识的执行者即我们自己的自我同一性的起源之处，但是因为它居于我们的起源之处，所以它又是前人格的。它的作用是匿名

142

的。我们无法改变它，无法使它加速或减速。它不在我们的控制范围内。我们控制不了我们的起源。它保持着它自己的节拍。但是我们可以与它认定为同一；作为我们的起源与基础，它是"我们的"。

　　让我们来看一下在活的当下之中所发生的一些微观的或说"亚原子"层次的同一性综合。当一个现实的活的当下消逝并且被作为活的当下_{-1}而保持的时候，它就成了缺席的，但是并没有湮没；它被呈现为刚刚过去，因而它的即时缺席就被给予我们。这里我们碰到悖论性的东西，即缺席的原初被给予性，某个"过去"的原初在场。活的当下的这个变更引入了一个缺席（相对于在这个当下消逝之前所享有的现实性），但是缺席却被呈现了：活的当下-1作为刚刚从中心消逝的同一个当下而被给予，于是它据此而是可认定的，但是这个可认定性（identifiability）则依赖于向缺席的无情过渡。一个原初的缺席发生在滞留之中，但是这个缺席却被给予或呈现。在当下向一种被持留状态的简单过渡中，我们得到了对在场进行补充的缺席，得到了将要进入活生生的在场之整体范围的诸多部分，我们获得了一个多样性，这个多样性如同滞留形成的彗尾那样被产生出来，而且，在所有这些事物那里，我们得到了诸多在场构成的同一性综合，以及它们所意向的"对象"具有的诸多时间阶段（即感觉或旋律的诸阶段）构成的同一性综合。

　　到目前为止，我们集中讨论了内在时间意识的滞留方面，但是不应该忽视它的前摄方面。前摄就是向正在来临的事物敞开。它是对于到来的某事物的原初等待。它是形式上的，它只是等待"某事物"，没有任何特定的内容，尽管特殊的经验总是有某种内容，从而总是有规定的（比如更多的悲伤感，来自不远处的东西，更多一点色拉，更多的交谈）。因此，当一个过程的某个阶段在原印象中记示它自己的时候，它已经——至少就其时间性形式而言——被前摄地"预期"了，因此它作为"一直被等待"的而被给予。微观的或亚原子层次的同一性综合不仅发生在滞留方面，而且发生在前摄方面。

对时间难题的最后几点评论

你也许会觉得自己读到的这些有关内在时间意识的论述都极其思辨，近乎奇谈怪论。与我们对其他形式的意向性的描述相比，这些论述似乎更加难以理解。举例来说，现象学对于知觉和想象的分析，或者对于范畴行为和图像的分析，都似乎更为写实一些；它们似乎可以在我们实际经验到的事物那里找到落脚点。读者可以通过思考他自己的意识生活，来证实或证伪现象学对记忆和知觉做出的区别。但是，对于日常经验来说，有关内在时间意识的思考就可能显得是完全陌生的。这些思考似乎漂到了神秘的、与世隔绝的地带。它们还是现象学的一部分吗？它们究竟是描述，还是人为的建构？

有人可能会以下述方式提出这种反对意见：我们承认时间经验不是原子式的，不是刀刃状的，而是马鞍形的；我们承认它有类似于前摄和滞留这样的东西伴随着它的直接印象。把直接的过去和未来包括在当下之中，这似乎是十分合理的。但是，为什么不把这个结构就放在我们的感觉和意向性行为之流的内部、放在时间性的第二个层次之中呢？为什么不承认它是心理学的事物呢？为什么非要设定它是比主观的意识之流更加深刻、更加内在的东西呢？为什么非要把它投射到活的当下及其古怪的消逝方式所属的领域之中呢？为什么要用"矫揉造作的"语言来谈论作为一个原事件（primal event）的"既分化又聚集"呢？正是这个关于时间性的第三个层次的公设，这个在主观经验之流的"下面"而且还要更加深入的时间性层次，让人觉得它在哲学上是过分的。

144 针对这样的反对意见，我们可以回答说，对意向性和呈现的分析不可能要主观时间领域和世界时间领域来负责。在这两个层次上发生的在场与缺席的交互往返，必须得到一种敞开和澄清的支持，这种敞开和澄清是产生在场与缺席之别的来源，它不是一个世间的过程或者心理学的事件；事物和经验在时间之中展开和持续，这个事实既不是一个机械的事实，也不是一个有机的或心理学上的事实；它起源于一个更深刻的层次。这个层次是所有形式结构（比如存在于逻辑、数学、句法中的形式结构）和各种呈现方式的发源地。此外，当我们认定和认识世间事物的时候，当我们经验自己的感觉、知觉、记忆和理智活动的时候，我们也总是在未加反思地把我们自己显示成为这些成就的可以认定的来源和接受者，不需要另一个接受者来说明这种显示。

胡塞尔是在他的内在时间意识学说中开始接近这个来源的，海德格尔则凭借他对于"疏朗"（Lichtung）和"会成"（Ereignis）[1]的神秘论述来集中考虑这个来源。疏朗和会成的意思是，使某个空间变得"开阔疏通"，从而使事物能够在这个空间里被给予，使我们能够成为这些事物的接受者。古典哲学的有些论述也曾经触及这些问题：例如关于差异从"太一"（the One）那里的流溢（普罗提诺），关于"太一"与"不定的二"（Indeterminate Dyad）之间的相互作用（柏拉图），甚至或许还有关于不动的推动者的作用（亚里士多德）。如果我们打算讨论事物的在场和缺席，那么就需要找到在

---

① 这里采用王均江博士的研究成果（参见王均江：《论海德格尔思想主导词 Ereignis》，载于《世界哲学》2008 年第 4 期），将 Ereignis 翻译为"会成"，更为契合海德格尔的思想：天地神人通过聚集（相会）而彼此成就、各得其成、各得其位。——译注

场和缺席之间的这种推拉往返作用的起源，而这个起源不可能是在世界之中或是在我们的主观经验之流中显现的那些事物中的一个。

这些说法可能会遭到有些人的厌恶和拒斥，他们觉得同神经元和计算过程打交道更为舒服一些。他们可能会说，要是现象学会导向这种神秘化，他们就拒绝整个现象学。相反，他们测量神经元活动、确定知觉、记忆和其他的心灵事件在大脑皮层上的发生位置，以此来说明意识、知识以及时间经验。这些都是我们能够抓到的东西，而他们相信这样的科学工作将会表明意识活动实际上是什么。但是，他们的这种冷淡态度所付出的代价则是这个事实：他们永远无法说明诸如"呈现""再现""回忆"，甚至包括"计算"等在内的词项，他们必须使用这些词项，但是又不可能证明其正当理由。他们将无法说明关于过去、未来和同一性的感觉。他们将会描述机械的过程和有机的过程，却没有办法合法地谈论不同形式的意识，也永远不会接触到时间是什么的问题。

在谈论内在时间意识的时候所使用的词汇和语法，都有它们自己的精确性和严格性。它们必须使用隐喻和其他的一些比喻，但是这没有什么好奇怪的，因为语言本来就不可能是为了说明这个领域而得到发展的；对于一些通常用来命名世间事物和过程的词项，我们必须加以调整。为了理解事物的呈现以及事物被命名的能力所依赖的基础，需要变更世间的词项。"是现在""是在这里（或那里）""是显现的接受者""是事物得以显现的澄清"，这些都必须与有关我们自己的物理和心理事实区分开，正如逻辑和明见性必须同物理和心理学过程区分开。关于内在时间意识的议题是有关真理和显露的议题的基础，而且它们涉及对于存在之为存在的古典研究，即对于事物如何表现自身的探究。

第十章
生活世界与主体间性

　　第九章讨论了一些极其形式化的议题，现在我们接着来讨论较为具体的话题。这一章将要考察生活世界（Lebenswelt），也就是我们在其中生活的世界；还将讨论主体间性，也就是在我们对于他人的经验中起作用的那种意向性。生活的世界（lived world）所具有的亲熟特征，以及主体间性的公开特征，将会在前一章一丝不苟的分析之后给我们带来愉快的放松。

生活世界作为一个问题

　　生活世界是作为一个与现代科学相对照的哲学议题而提出来的。由伽利略、笛卡尔和牛顿引入的高度数学化的科学形式导致人们认为，我们在其中生活的这个世界，由缤纷的色彩、各种声响、树木、江河与岩石所组成的世界，由那些逐渐被称为"第二性质"的事物所组成的世界，并不是实在的世界；相反，各门精确科学所描绘的世界被认为是真实的世界，而且它与我们直接经验的世界颇为不同。看起来像是桌子的东西，实际上是诸多原子、力场和空洞的空间组成的一个混合体。原子和分子，力、场以及科学描述的规律，被说成是事物的真正实在。我们在其中生活并且直接知觉到的世界，仅仅是通过我们的心灵对感官输入的信息做出回应而制造的建构物，我们的感官则负责对对象发出的物理刺激做出生物学反应。我们在其中生活的世界，我们经验的这个世界，最终是非实在的，而数学化的科学所达到的世界，作为这个单纯表面上的世界之原因的世界，才是实在的。

科学在我们的文化中拥有巨大的权威，因为人们认为它告诉我们万物的真理。据说，甚至诸如意识、语言和推理等属人的事物，最终都将依据脑科学来加以说明，而脑科学则会——如果不是在事实上的话，至少是在原则上——还原到物理科学，即物理学与化学。于是，我们拥有两个世界，即我们在其中生活的世界和数学化的科学所描述的世界，而且一般认为，生活世界是单纯的现象，完全是主观的，数学化的科学的世界则是真正客观的世界。

有关生活世界的议题是在现代科学来临之后才出现的；在此之前，人们简单地认为我们在其中生活的那个世界就是唯一存在的世界。前现代科学只是表述了我们熟悉的世界，并没有宣称要为这个世界找到一个替代者。前现代科学只是尽量提出精确的词项、定义，描述我们直接遭遇到的事物，诸如生命有机体、情绪、修辞学论证、政治社会。至于应该如何解释我们在其中生活的世界——无论我们应该把它当作有效的、值得信任的，还是当作纯粹主观的、非科学的——这个问题是在回应现代科学的过程中走到前台的。

现象学如何处理客观的、科学的世界与主观的、生活的世界之间的差别问题呢？它试图表明，各门精确的数学化的科学都是从生活的世界中获得其起源。这些科学奠基于生活世界。精确的科学都是对于我们直接拥有的关于世间事物的经验的一种转化；这些科学把这种经验推到更高的认定层次上，而且与此相关联，把我们经验到的对象转变成理想化的、数学化的对象。也许看起来精确的科学似乎是在发现一个新的、不同的世界，但是按照现象学来说，它们实际上正在做的事情，就是让日常世界服从于一种新方法。通过这种方法，精确的科学只是增加了我们对于我们在其中生活的这个世界的认识；它们在我们与事物打交道的时候提供了更大的精确性，但是它们绝没有丢弃或抛开作为其基础的这个世界。这些科学都被安顿在生活世界之内；它们并没有加入与生活世界的竞争。

此外，现象学并不只是断言说，各门精确的科学奠基于生活世界；现象学还力图描述这些科学得以被构造的特定类别的意向性。它试图确切地阐明，生活世界如何被转变成几何学的和原子式的实在所组成的世界。然后现象学宣称，精确的科学必须在生活世界中取得它们的位置。它们是生活世界范围之内的既定制度之一，但是它们绝没有用另一个世界来取代生活世界。我们不可能生活在科学所投射的世界之中；我们只能生活在生活世界里，而且这个基础性的世界有它自己的真理和证实形式，这些形式不可能被现代科学引入的真理和证实来代替，而只能被其补充。

于是，现象学采取的这个步骤就是要表明，精确的科学都是在生活世界以及其中的事物的基础上派生出来的。现象学承认现代数学化科学的价值和明晰性，但是它并不过高地估计它们；现象学提醒我们，这样的科学建立在以一种前科学方式被给予我们的事物的基础上；它也提醒我们，甚至科学也是由某人所"拥有"或成就的。科学必须由科学家来断言，由那些从事与之相称的特定类型的思考和意向活动的人们断定。科学涉及多种多样的意向性、各种各样的在场与缺席以及同一性综合。它以意向性的某些形式为前提，与其他的理智活动有共同之处；它也发展它自己的一些形式，但是它并没有脱离开那些实现科学的人、那些先验自我。

数学化的科学如何被构造

现代科学同理想化的事物打交道：无摩擦的平面，光射线，理想气体，不可压缩的流体，完美弯曲的弦，理想效能的引擎，理想的电压源，对它们在其中运动的场不产生任何效应的试验粒子。然而，这样的理想形式并不是用稀薄的空气编造出来的。毋宁说，它们都是在我们直接经验的事物中有其根源的一些投射。

例如，考虑一下我们如何获得一个几何学平面的观念。我们从一个日常的平面，比如桌面开始。我们把平面打磨抛光，让它越来越平滑。可是，在某个时刻，我们可以从实际的打磨和抛光转到想象的投射。我们想象着打磨这个平面，直到它不可能再进一步打磨平滑为止；我们想象它已经达到平滑的极限。在实际的事实中，我们不可能把这个平面打磨到这种程度，但是我们可以从这些对它进行加工的物理步骤那里"起飞"，从而只是想象它达到这个不可逾越的极限。这个极限就是纯粹的几何学平面，而且是从实际经验中的某一基础出发而达到的极限。它是对于我们实际经验的那些平面的转化。

可以在光学中找到另外的例子。我们从手电筒发出的光柱开始。然后我们盖住部分光源，把光柱切成半份。接着再盖住剩下部分的一半。这样反复几次，但是后来我们就"换挡"了：我们从实际地遮挡光源，转到想象我们在遮挡它，并且继续想象已经把光切成非常狭窄的一柱，以至于不可能再切分它的任何一部分，否则就会把光柱完全取消了。这条最细小的、不可分割的光柱或原子光柱，就成了一条光"线"，如同牛顿在他的《光学》中定义的那样。在实际的事实中，我们绝不可能达到这样一条光线，但是我们能够把它作为一个极限来想象或考虑。

149

完全平滑的平面和光线，都是**理想化的对象**。不可能在我们的生活世界中经验到这样的对象；我们凭借一种混合了知觉与想象的特定类别的意向性来建立或构造它们。这种意向性是从来自生活世界的某种事物出发的，但是它产生出似乎不再属于生活世界的某种事物。然而，一旦获得这些理想化的对象，我们就可以开始把它们与我们所经验的具体对象相联系。理想化的对象成为我们所经验的事物的完美版本；它们似乎比我们知觉到的事物"更实在"，因为它们更精确。我们知觉到的事物似乎只是这种完美标准的不精确的副本。

于是，如果我们带来许多这样的对象，我们也许会认为我们已经发现了诸多事物组成的一个整体世界，它比知觉的世界要好得多，也精确得多。这就是伽利略、笛卡尔和牛顿引入的那种科学在我们的文化中逐渐占据优势之后所发生的情况。人们忘了，在科学那里被指涉的理想事物一直都是由某种思维方式所带来的；人们相信，这些事物比我们直接经验的事物更实在，而且这样一来，人们也就把巨大的权威授予认识这些事物的科学。他们把一种方法带来的结果当作对于一种新实在的发现。人们认为，这个新领域中的主人，也就是科学专家，对事物本性的完美把握要远远超过我们其余的人，既然我们"仅仅"是与非科学的世界打交道，而科学家却是和那个在其完全精确性状态上"真实"存在的世界打交道。进而，这样的理想化一直以来不仅投射在几何学与物理学，而且也投射在诸如经济学、政治学和心理学等社会科学。例如，博弈论中的诸多模型就一直被用来计算战争和外交政策中的种种策略。

科学对象的更进一步的方面

让我们更加仔细地检查一下达到理想化的对象所必需的程序。我们由以开始的对象，是可以在其中认定一种特征的对象，而且这种特征可能有诸多波动起伏，例如平面的平滑性和光柱的大小。这两种特征那里可能存在着变化：它们都可以在更大或者更小的程度上得到或多或少的现实化。这些变化变得越来越小，于是就出现了有关这种状况的观念，即在该状况下，任何进一步的变化都是不可设想的：它们被减少到零。平面变成了纯平的，光柱实际上成了一条线。我们就把对象"几何学化了"，而这个对象曾经是一个被知觉到的世间的事物。

很重要的是要注意到，在达到这个理想状况之时，我们保留了我们由以开始的事物的某种性质或内容。我们并没有把一切都变成纯数学。理想的平面仍然是一个空间事物，射线仍然是一条光的射线。平面不同于光的射线，而它们又不同于，比如说，完美弯曲的弦或者理想的电压源，后者是从其他的世间对象开始的理想化。

正是这些理想化对象的极度精确的同一性，使得它们在理智上如此令人感到满意。它们是完美的：无论在任何地方发现它们，它们都是完全相同的，与我们实际遇到的可变的光柱和平面形成鲜明的对比。在本书的前面几章，我们考察过其他语境中的同一性主题：一个被知觉的事物（立方体）被描述成在侧面、视角面和外形之流中的同一性；一个心灵行为被描述成一个在我们对它的各种回忆之中被给予的同一性；甚至自我也被描述成一个在我们的各种心灵成就背后的同一性。然而，所有这些同一性都包含着许多可变 151 性；它们可以被称作**形态学上的**事物或本质。相反，数学化的科学所达到的理想事物、**精确的**本质，不容许任何变更或模棱两可。它们断然排除变更和模棱两可。

并非所有的事物都能够被投射到某个极限并且被构造成精确的本质；例如，一个知觉或记忆总是保留着某种模糊性和可变性。试图把这样的事物投射到某种理想的极限，这种努力是没有意义的；它们依然是"形态学上的"事物，不属于精确的事物种类。因而，对于有些人来说，这样的事物似乎是模糊的、主观的，所以应该尝试引入一门精确的科学，一种数学化的心理学或认知科学，它将会运用更加精确的概念来代替记忆、知觉等概念。于是就出现了这样的做法，例如试图把人的认知解释成神经元计算的一种形式。

现象学宣称，以自然为研究对象的精确的数学化科学不可能说明它们自己的实存。它们并没有可以用来处理诸如知觉、回忆、对他人心灵的经验等事物的词项和概念。现象学则声称自己可以提供概念和分析，用来澄清精确的科学究竟是如何从前科学的起源中产生出来的。现象学凭其自身资格而把自己呈现为一门科学；它并不像研究自然的数学化科学那样行事，但是它拥有自己的精确性形式。这种精确性不像自然科学所具有的那种数学化的、理想化的精确性。除了其他方面，它是一门关于科学本身的科学。它也是一门关于生活世界的科学，而且它试图表明生活世界如何充当数学化科学的基础和语境。

物理学和数学在20世纪所取得的发展，已经对自然科学的精确性提出了诸多问题。量子理论中的测不准原理和观察者的相关性、相对论，数学中的不完备定理、非线性系统、混沌理论、模糊逻辑等，这些发现都致使人们怀疑牛顿物理学、科学和数学（这些是在现象学的早年时期占有优势的学科）对于世界的井然有序的理解。然而，这些发展并没有影响到有关生活世界和科学的问题。所有这些发展都发生在有关世界的科学图景范围内，这种科学图景甚

至与这些发展一道，仍然与我们的自发经验之世界进行着争执。最
新的科学版本可以忍受不精确，但是它们的描述仍然不同于我们在   152
其中生活的这个世界。如何把这些科学整合到生活世界中来，这个
问题一直都没有得到解决。仔细地分析那些在科学知识的确立过
程中发挥作用的各种意向性，将会为这个问题的解决做出重要的
贡献。

主体间性：一个被共同据有的世界

现象学的大部分词汇和论证也许会给人留下这样的印象：它
是一种转向唯我论的哲学形式。它谈论先验自我、时间性的意识之
流，还有还原，这些也许会让人们觉得现象学忽视了他人和共同体
的存在与在场。有些现象学的批评者抱怨说，现象学把他人还原
成单纯的现象，使孤单的自我成了唯一的实在。这样的抱怨是没
有根据的。关于人类的共同体，现象学有很多要说的东西，而且，
它也广泛地描述了我们对于其他心灵的经验。

有两种进路通向我们关于他人的经验的描述。按照第一种进
路，我们可以简单地描述我们如何直接地经验他人，如何把其他的
身体辨识成为与我们自己相像的心灵和自我的体现（embodiment）。
按照第二种进路，我们可以采取较为间接的路线，描述我们如何把
世界以及世间的事物经验成为正在被其他的心灵和自我经验着。按
照第二种进路，我们并不观察我们自己与他人之间的直接关系，而
是观察我们和他们与此二者共同具有的世界以及事物的关系。让我
们从第二种进路开始。

当我经验到一个有形体的对象，例如立方体，我把它辨识为侧
面、视角面和外形所组成的多样性之中的同一性。这种多样性是动

态的：无论我在哪个时刻采取怎样的视角来观察，我都可以移动我自己或者立方体，从而产生一系列新的侧面、视角面和外形。曾经被看到的变成了未看到的，曾经未看到的变成了看到的，而立方体则始终保持它自身的同一性。在任何时刻我都可以预期和回忆这个事物的未来的视图和过去的视图。当我享有现在被给予的视图，这些其他的视图都被共同意向。我的经验是现实之物和潜在之物的混合：无论一些侧面和视角面在何时被给予，我都共同意向那些没有被给予但是有可能被给予的侧面和视角面——如果我改变我的位置、视角、知觉能力等。

153

当其他的知觉者参与进来的时候，现实与潜在的混合就被增加了。如果有其他人在场，那么我意识到，我从这个侧面观看对象的时候，其他人则现实地从某个其他角度来看它；我如果移到他们现在的位置上，我也会据有这个角度。对我来说是潜在的，对他们来说则是现实的。对象因而对我呈现一种更大的超越性：它不仅是我看到和可能看到的东西，还是他们在此刻看到的东西。进而，我领悟到这个对象如此超越我自己的视点：我把它明确地看作不只是被我观看的对象，而且是正在被其他人观看着的对象。它的这个层次的同一性被给予我。对象被主体间地给予，或者能够被主体间地给予，而且它被如此地呈现给我。

对象能够在知觉上被给予许多观看者、听众、品尝它的人、触摸它的人，这种能力发生在感觉层次上，但是对象也能够被许多人而不只是被我自己进行范畴联结。它能够在许多面目下得到理解和思考。我也许知道约翰先生是邮递员，但是约翰太太则知道约翰是她的丈夫。我认识的这个邮递员也被其他人通过其他的描述和了解方式所认识。我不能把一个对象可以得到认识的所有方式全都表述出来：我的任何了解都必定是有限的。尽管如此，我仍然知道对象甚至在我不可能知道的形式上也是可以认识的。我承认它相对于我而言的这个超越的层次，它所具有的对我来说是缺席的层次。无论是在知觉层次还是理智层次上，世界以及世界中的事物都被给予众多自我，被给予表现的众多接受者，虽然对我自己来说，我总是表现为显著的一个，居于中心的一个，是对于我来说的一个关键点，然而其他人却不可能如此，无论这些他人有多么亲近。我对我自己来说的显著性是在先验逻辑上的一个必然性，而不是事关道德上的自我中心性。就个人而言，有些人也许更接近我，其他人也许远一些，但是这种邻近性（proximity）维度并不是为了我被给予我自己的方式而产生的。

主体间性：认识他人

到目前为止，在我们对于主体间性的探讨中受到关注的对象，一直都是我们视为正在被我们自己还有他人所经验的对象。现在，让我们来评论一下我们对于他人——作为其他的心灵、意识的其他的体现——的直接经验。我们不仅把世界理解成被给予他人的；我们也能够转向这些他人，并且把他们经验成与我们自己相像的，经验成显露的接受者，他们能够回应我们的辨识，并且把我们看成是与他们自己相像的。

对于另一个自我的经验，是以对于犹如我们自己的另一个身体的经验为基础的。我们并非仅仅认识另一个人的心灵；我们首先使身体被给予。不过，身体是作为一个位置而被给予的，在这个位置上，他人的意识行使支配作用。正如我可以移动和经验我的身体，他人也可以移动和经验他的身体，我辨识出他是像我一样的。进而，那个身体并不只是为其他的意识提供了一个位置，为其他的视点提供了一个地点，它还表达他人的心灵。说出的语言，有意向的姿态，无意的肢体语言，所有这些都不仅仅是身体的动作；它们标示诸多意向性行为，它们还表达思想内容。它们向我表达世界和其中的事物对于那个身体的所有者来说显得是怎样的。如果他人发出某些响动或者做鬼脸，可能告诉我的是，"麻烦来了"，或者"现在别放弃"。

因此，某些身体作为表达意义的身体而在世界中伸展出来（一只手臂的运动不只是一个机械过程，而是行礼；手的挥动不只是一个动作，而是宣布解散）。这些身体也能够向我传达世界是怎样的：它们提供了看待事物的存在方式的其他视点。它们体现着其他的先验自我。我把它们知觉为像我自己的那些自我的身体，但是在这样知觉的时候，我恰恰是把它们知觉成为封闭着而且表达着一个有意识的生命，一个时间性之流，这个有意识的生命将会总是对我缺席的，这个时间性之流无可还原地不同于我自己的时间性之流。其他自我的这种独特的缺席被呈现给我。这种缺席不同于立方体的其他侧面的缺席，不同于我尚不能解读的文本意义的缺席。

现象学的一个颇有争议的学说认为，我们有可能在原则上"偏离"主体间性的维度，并且下降到我们经验之中的先行于或者说是支撑着主体间性的那个层次。这就是所谓的**本己性的领域**。向这个领域的还原，与想象一种事实上的孤单不是一回事；它并不是想象着我在某处是孤单一个，甚至想象着其他人都从地球上消失了，只剩下我一个人留下来。这些想象的场景依然保留着他人的维度，只不过排除了作为事实的他人。与此相比，向本己性领域的还原试图排除的是真正的他人之维。它试图达到这种经验层次：在这个层次上，还没有出现我自己与他人之间的对立。

评论者们常常批评胡塞尔引入了本己性领域这个概念；他们宣

称这样的领域是不可思议的，因为我们拥有的任何经验在原则上具有一种根本的公开性。不过，我们不应该过快地摒弃这个学说。当然，几乎全部的经验都涉及他人心灵的维度，涉及可能与他人分享的某种意义，通过与他人相对照而界定的意义。但是我们不应该把下述看法不加考虑地排除出去：我们的意识的某个方面具有一种极度的私人性，在其中，对他人的感觉还没有开始发挥作用。也许存在着一种经验层次，它在原则上不能够表达给他人或者与他人分享；也许存在着一个领域，其中并没有对他人的感觉闯入进来。显然，这种强烈的私人性不可能是我们的经验之全部，也不是它的主要部分，然而在我们的觉察中可能存在着些许终极的秘密。为什么要完全否认这个维度呢？如果存在这样的领域，那么就值得去探索它，表明在它的范围之内，什么样的同一与差别、在场与缺席、多样性中的统一是可能的。

然而，我们应该强调，向本己性领域的这种还原，与先验还原也就是从自然态度向现象学反思的转变不是同一回事。它是哲学态度范围之内的一个步骤，揭示着先验自我所经历的经验的各种层次。

第十一章
理性、真理和明见性

156   先验自我是真理的执行者。它在诸多语境中行使这种执行功能：诸如言说、图像行为、回忆、实践的举止、政治修辞、机敏的欺骗以及战略机动等语境。这种成真的力量有一种特殊的运用方式发生在科学之中，不论这科学是经验科学还是理论科学，也不论它关注的是一个存在区域还是另一个存在区域。在科学那里，我们只是希望发现事物的真理；科学事业就是企图表明事物存在的方式，而不管事物可以被如何利用，也不管我们可以希望它们是怎样的。科学上的成功并不意味着战胜别人，也不是对我们的种种欲望的满足；它完全意味着客观性的胜利，意味着揭示事物如何存在。

哲学是一项科学事业，但是它不同于数学以及自然科学和社会科学。它不是关切某个特殊的存在领域，而是关切成真性（truthfulness）本身：关切人类的交往、人类为揭示事物的存在方式而付出的努力，以及人类遵循事物的本性而活动的能力；最终，它关切如其向我们显现其自身的存在。在科学和哲学中，我们为真理而寻求真理，抛却它可以带来的任何其他利益。在这两种事业中，我们都力图达到与我们手边处理的事务相称的最高程度的精确性；我们不满足于只是足够完成一项特殊工作的东西。

我们在前面已经考察了成真性具有的许多成分。我们考察了多样性中的同一性以及范畴联结，还考察了诸如知觉和回忆等的差

别。我们探讨了存在的成真性，以及显露的执行者具有的诚实性
（以及继之而来的可能的虚假和混淆）。这一章将要巩固和完善这些
探索。我们将探究关于理性的现象学，即对于理性思维的分析。　　

理性的生活与意义的同一性

　　一旦进入推理，我们就把自己提升到了我们的生物学的和心理
学的生活之外。我们开始经历思维的生活。这意味着，我们这些特
殊的存在者，我们所是的这些动物，变得能够断言事物的真理。我
们能够证实或证伪这些断言，能够交换意义，也能够因为是较好的
或者较糟糕的真理执行者而彼此称赞或者指责。随着我们互相交谈
以及追求理性的生活，我们逐渐能够掌握种种缺席，也能够以极度
复杂的方式来联结种种在场。

　　这种生活所需要的一个必要条件，就是在我们中间进行交
流并且在我们自己的精神生活中反复出现的意义所具有的相同性
（sameness）。一个单独的命题作为同一性上相同的东西一再地返
回：我们将它告诉其他人，把它当作别的某个人说过的命题来引
述，把它当作一个前提来使用，在我们的经验中确证或驳斥它，把
它放在关于某个科学领域的系统阐述的范围内，或者把它写下来，
以便我们不再谈论它的时候还可以让人读到它。意义的相同性甚
至跨越人们可能对它做出的不同诠释而出现，甚至跨越多种多样的
心灵可能对命题做出的模糊和明晰领会之差异。除非它是同一个
陈述，否则我们根本不可能将这些差别看作差别；如果这些命题本
身就是不同的，那么我们就不可能拥有许多**诠释**；我们也不可能谈
论对于意义的模糊的把握，除非意义的核心在其模糊的状态与明晰
状态之间保持同一。的确，有时候如果我们更加仔细地透彻思考的

话，一个意义或命题可能会分裂成两个或更多的含义，或者会瓦解成不融贯的状态，会变得毫无意义，但是，只有和那些在其同一性上得到确证并且保持不变的意义相对照，这些在意义领域上的瓦解才是可能的。

意义尤其被呈现在语词之中。通过语言，我们得以表达事物的存在方式，得以将这种呈现方式传达给其他人，传达给身处异时异地的我们自己。我们所交换的语词捕捉到了事物已经向我们显现的方式，而且，如果我们的揭示都是可信的，那么这些语词就捕捉到了事物存在的方式。同时，这些语词带有我们显露有关事物的时候所带有的风格，因此它们也向读者或听众指示出我们自己的某些方面。

物理学家和数学家不为这个事实操心，即命题能够作为同一性上相同的命题而反复出现，尽管如果不发生这种重复的话，物理学和数学也就不可能了。然而哲学家却不能让这种认定从他们身旁溜走；他们认为这类事情正是人们从事理性生活的能力的一个成分。

两种真理

意义的同一性使真理成为可能。在我们的理性生活中存在两种真理：正确性的真理（the truth of correctness）和显露的真理（the truth of disclosure）。

1. 在**正确性的真理**中，我们是从一个正在被提出的陈述或者正在被持有的命题开始的。然后我们继续证实该断言是否为真。我们实施对于该陈述的确证或者驳斥所需要的无论什么类型的经验活动。如果有人说这个门廊的屋顶在下雨天漏水，那么我们可以等到下雨的时候来看看屋顶是否漏水。如果有人提出有关某个

化学反应或医疗方法的建议，我们可以进行适当的实验来确证或
驳斥他的断言。如果实验结果确证了他的断言，那么我们可以说
这个陈述为真，因为它的确表达了事物存在的方式，它是一个正
确的陈述。与正确性真理相关联的虚假的含义是明显的：这就
是与事物的存在方式背道而驰、遭到事物的表现所抵制的断言之
虚假。

2. 还有一种更为基本的真理形式，它的出现甚至能够脱离开
对于某个断言的确证。第二种含义的真理，**即显露的真理**，就是某
个事态的展现。它是可理解的对象向我们在场呈现，是实在的或实
际的东西的表现。这样的在场可以当即发生在我们的普通经验和知
觉过程中：我们走近汽车并且惊讶地发现车胎瘪了。我们不需要一
直在预期轮胎是瘪的；我们对它的经验并不是要试图确证或驳斥我
们一直持有的某个命题。我们不是在和正确性的真理打交道，而是
与更基本的显露的真理打交道。一个可理解的对象、一个事态被呈
现给我们，这个对象或境况简单地展开。我们为一个新的数学关系
感到惊讶，我们突然意识到约翰正在对詹姆斯撒谎，我们懂得了为
什么塞尚在这幅油画上这样来安排色彩和线条。这些呈现都不是确
证，而是直接的展现。与这种真理相关联的虚假，就是在显象发生
误导的时候、事物似乎是它们所不是的东西的时候出现的虚假：让
人误以为是金子的黄铜矿、伪装、赝品、伪造品的虚假，与"没有
说出真相"相对的"名不副实"。

正确性的真理依赖于显露的真理；后者能够起到可理解性
（intelligibility）的作用，即确证或者驳斥某个断言。真命题与之
"匹配"、与之协调或者为之衡量的东西，并不是某种惰性的存在
体，而是正在被显露的事物。当命题性断言与直接的展现一致，它
就被去掉引号，而直接的展现被认为可以等同于其真理正在受到探

究的断言。如同第七章表明的那样，我们的经验始于事态的直接展现，始于可理解的、范畴对象的直接展现。这种展现牵涉到显露的真理。当我们变得足够老练，将某些事态当作仅仅是某人主张的事态，在这个时候，命题的领域才开始起作用；它们变成"被主张的事态"，这些事态成为命题、断言或判断，成为含义或意义。正是这些命题，这些被主张的事态，成为正确性真理的候选者，而且，当它们与显露的真理中被给予的东西相调和的时候，它们便获得正确性真理的资格。因此，显露的真理位于正确性真理的两侧，出现在正确性真理之前、之后。

两种明见性

在我们已经区分的两种真理中，"真的"这个谓词或者是用于命题，或者是用于被展现的存在体或事态。我们必须引入另一个词项，即**明见性**一词，来命名那些成就真理的主体性活动。现象学用"明见性"一词来命名这种主体性的成就，命名这种对于真理的主体性拥有，无论是在符合意义上的真理，还是在显露意义上的真理。作为意向活动的明见性与作为意向对象的真理相关联。

在英语中，"evidence"（"明见性"）一词的这种用法并不常见（在德语和法语中要常见一些）。通常，"明见性"一词在英语中并非意味着一种主体性的成就；相反，它意味着用来证明某个断言的事实或材料（datum）。明见性可以是一个脚印、一只带血的手套、一位目击者的证词，或是一份文件，在一切情况下都是客观的东西，是用来证明别的事情的物件。在标准的英语用法中，一份证据（evidence）就像是确立结论的前提，而不像是揭示对象的某个意向性。当这个词项被用作形容词的时候，它几乎总是用来述谓显现的

160

对象，于是这个对象就被说成是生动而清楚地显现着：一次明显的（evident）胜利、一个明显的图式、一个明显的欺骗。

然而，在现象学那里，"明见性"采用动词形式"明见行为，使……明显"（evidencing）的含义。它指的是达成真理，引出在场状态。它是一种实行、一项成就。明见性就是在多样性之中呈现同一性的活动，就是对于事态的联结，或者对于命题的证实。它就是获得真理。

"明见性"一词的几个字典义接近现象学赋予该词的含义。《牛津英语辞典》上说，"明见性"可以用作名词，意思是"目击者"：在一场诉讼中，有几个人可以被称为"evidences"，这些人能够揭示发生的事情。我们可以说某人已经"出庭提供同案犯的罪证"（turned state's evidence），这就是说，这个人决定为某个事件作证。英文中甚至还有一个已被废弃不用的名词"evidencer"，意指目击证人，即"行为的目击证人"。而且，这个词还可以用作及物动词，意思是"让某事成为明显的或者明白的，清楚地表明，显明某事"。因此，我们可以说"他使这项计划的徒劳无益明显可见"，或者说"她的话明白地显示出他们的处境"。这些意思尽管较为陈旧和罕用，但是更有点儿像现象学中使用的"明见性"的含义，不过，这些含义并没有为哲学上的用法提供明显的先例。我们必须在能够显示出这个词应该命名的现象方面来使用它，以便澄清它在现象学上的含义。

明见性是对于可理解对象的成功呈现，是对于其真理在明见过程本身之中变得显明的某事物的成功呈现。这种呈现是理性生活中的一个显著事件。它是某个事物进入到理性空间、进入到可理解的事物构成的世界之中的时刻。这一事件并不只是对于成就它的那个主体的完善；它并不仅仅完善那个达到这一点或看到正在进行的事情的人。它也是在对象那里的完善：对象被表明和认识，它显露它自己。它的真理被现实化了；它被明见到了。海德格尔用颇有诗意的比喻把人或"此在"（Dasein）称为"存在的牧羊人"，他的意思是说，事物能够在其成真状态上得到揭示，而我们就是这种揭示的接受者。我们在事物的系统（scheme）中占有特许的位置，因为我们是显现的接受者。我们明见事物，我们让它们显现。

我们所拥有的能够如此作为的力量，并不是我们设计的某种计划的产物，也不是某种政府资助的工程的结果，更不是我们可以尽量发展的天赋；它来自我们在开始选择或者权衡应该做什么之前就已经是什么。它来自我们的存在方式。它使我们能够进行权衡和选择。我们的言语不只是在我们自己中间的闲聊；如果我们避开模糊性的迷雾的话，这种言语也是对事物的揭示，事物在我们的言说中被显露。我们提供了一道光亮，事物在这道光亮之中能够显明它们自己；我们开出了一块澄明之地，事物可以在那里得到聚集（collected）和回忆（recollected）。即使我们在事物的发展过程中只是占据一块小小的时空，即使持续爆炸的太阳在遥远的未来将会毁灭包括地球在内的所有行星，但是美好而重要的事情仍然在我们的理性生活中发生。这种活动是我们作为先验自我的成就，而不是我们作为动物而做出的行为，不是我们作为固定在物质因果网络中的身体而做出的反应。理性之光开启理性空间，开启目的王国。作为显现的接受者，我们都是实在的，而我们据此所做的事情就是去明见事物的真理。

为什么我们应该努力采用"明见性"一词来命名这样的成就呢？为什么不用别的词？其中一个理由是，这个词项在现象学中有一个技术性的含义，在德语和法语中，这种含义更为自然。另外，这个词确实也捕捉到了一个现象：它表达了这个事实，即当事物呈现其自身时，我们是主动的。当可理解的对象向我们呈现的时候，**我们有所作为**，而不是单纯地接受。我们不仅是显露的与格（dative），而且还是显露的主格［主格的自我（ego），而非只是与格的自我（mihi）］。其他的词语像"直观""知觉""记示"等似乎都使我们在接受显现者的时候显得过于被动。"明见"（evidencing）一词可以更为清楚地表明，如果事物要被给予我们，我们就必须作为先验的自我而活动。这种活动在范畴行为中最为明显，但是甚至在知觉及其可理解性的最初几个阶段上也都需要这种活动，在图像行为、回忆和权衡等等行为中显然也需要它。英文中的"洞见"（insight）一词是个不错的同义词，尽管它不能用作动词，不过它似乎局限于范畴呈现；"明见"的应用范围则更为广泛一些。从说话者、科学家到画家、剧作家及其观众都能够明见事物的存在方式。此外，"洞见"一词还隐含地意味着某种一劳永逸地完成了的活动，而"明见"则有超过初始时刻而持续以及自我强化的意思。

　　于是，我们以两种方式来明见：在正确性的真理和显露的真理之中明见。通过观察事物是怎样的，通过把我们着手去证实的断言上面的引号去掉，我们明见某个命题的正确性。不过更为根本的是，当我们达到显露的真理，我们通过在其在场状态上联结可理解对象从而明见这个对象。我们看到偶数的平方都是偶数，奇数的平方都是奇数；我们看到羡慕不同于忌妒；我们看到三维空间中只存在五种正多面体。[①]这些全都是事实，都是可理解的对象，我们将其记示为真：我们在其可理解性中展现它们。它们都是理解。我们可能想要对它们做出进一步的说明，寻找理由来说明它们为什么是

①　三维空间中只有五种正多面体，即正四面体、正六面体、正八面体、正十二面体和正二十面体。——译注

162

真的，但是，对于进一步理解的寻求并没有取消在原初的明见性中被给予的初始理解的资格。明见性将事物纳入理性的空间之中。

试图逃避明见性的两条途径

在哲学以及普通人的心目中，我们可以有两条途径来试图否认明见性的存在，否认它是事物的直接展现。按照第一条途径，我们将明见性还原成某种单纯是心理学上的东西。按照第二条途径，我们断言，在我们能够从前提或公理推导出我们认识的东西，从而对它加以证明之前，我们绝没有真正拥有明见性。

163 　　1. 因为明见必须是由我们来完成的，我们很容易就会滑入这种信念，即相信它"只是"一个主体性的事件，就像是某种情绪或疼痛，或是一种确定感。明见性也可能会被当作一种单纯的认知状态，我们心灵的一个暂时状态，反过来可以被还原成大脑和神经系统的暂时状态。在这种观点看来，事物就是它们所是者，它们是"在那外面"的，而认知状态，包括明见，却都是在我们之内的，"在这里面的"。举例来说，"信念"的认知状态就是我们所处的一种状态，是我们可以在自我意识中察觉到的状态，但是它只告诉我们有关我们自己的情况，而不是告诉我们关于世界上任何在那外面的事情。

　　在德语中，"明见"（Evidenz）一词的一个哲学含义就是"关于确信某事物的意识"（Überzeugungsbewusstsein）。这个含义也可能很容易地被心理学化。我们可能会用它来表示这样的意思，即我们意识到自己坚信某事，但是这样一来，我们意识的目标就只是我们的主观状态即坚信状态了。这就像大卫·休谟和约翰·斯图亚特·密尔将其当作我们内在知觉目标的那种"信念"。

　　关于明见性的这种解释是不正确的。当我们觉察到明见的时候，我们主观觉察到的并不是一种心灵的、心理学的状态，而是一种展现。我们觉察到一项理智成就、一种成功的表现，而不是一个内心的材料。如果我们觉察到一种展现，本质上我们也就觉察到被展现的东西，展现并不是与被展现的东西相对立的内心事物。成功的表现是在我们的理智生活中达到的，而不是在我们单纯的心理学生活之中达到的。我们的理智成就可能存在着心理学的方面，然而这些方面并不是这种表现活动的实质。明见性行为是理性空间中的一个事件，而不是一段单纯的心理学插曲。

　　明见性的行为更像是逻辑上的活动，而不像是一种感觉或一阵疼痛。明见性的行为是先验逻辑上的活动。它调整我们的命题和意义网络。它可以是一段插曲，然而这没有使它成为心理学上的插曲；它是一段显露与真理的插曲，是理性生活中的一个步骤，是先验自我的一次实现。事实上，它是理性生活中的原初的步骤。它使我们开始理性生活：在直接的明见性揭示事物之前，在我们进入到可理解对象的在场之前，我们还没有主动地在真理游戏中占有一席之地。在此之前，我们只是在为属人的交往做排练，还没有成为羽翼丰满的演员。进而言之，任何明见行为都以整个真理游戏也就是人类的交往已经在进行为前提；它必须在那里等着我们参与其中。不仅凭借我们之所是，而且还依靠我们在其中接受排练的理性传统——既包括我们出生于其中的那个地域传统，还包括作为整体的人类交往——我们被提升到理性生活之中。这种交往和理智生活可能"仅仅"是属人的，然而重点在于，要成为人就是要参与真理，就是要能够揭示事物的存在方式，能够让客观性在我们身上取得胜利。当我们卷入这种活动的时候，我们自己就是在最大程度上作为人而存在。

164

2. 试图规避明见性的第二条途径，就是断言呈现本身不足以确立真理。我们可能会认为，一个呈现给我们提供的仅仅是一种显象或意见。于是我们不得不继续证明关于被呈现者的真理，而且我们的证明就是为它提供理由。我们不得不说明它，也就是说，不得不把它从其他的更确定的前提甚至公理中推导出来，以表明为什么它必须如其所是。在做出这样的证明之后，我们才会确信这个现象。在这种观点看来，在做出证明之前，我们不知道任何事情；我们对一切都要求证明。因此，单凭明见是呈现不了真理的。换句话说，不存在任何诸如明见这样的事情。真理的唯一来源就是证明。

这一断言反映了这样的信念，即只有借助方法程序才能达到真理。没有任何事物被直接地呈现给我们，但是我们可以通过推理达到事物的真理。在现代性之初，笛卡尔曾经诉诸这种方法，并且认为方法可以取代洞见。他说，甚至只有中等智力的人，也可以遵循每一个简单的证明步骤而逐渐获得可靠的结论，获得智力最高的人所能够达到的确定性。他认为，甚至知觉也需要证明，因为知觉涉及推理，即从我们所拥有的观念，推到必定引起这些观念的"外在于"我们的推定的原因。这种对于方法的信任正是现代性的理性主义的一部分。我们相信，大规模的研究规划会发现我们所需要的真理，以便把生活变得更加舒适和美好，这种信赖的背后就是刚才所说的对于方法的信任。政府、工业界或学术界支持和赞助的以方法为驱动的规划，取代了英明才智之士的权威。

165　　这种对于方法和证明的信赖是一种想要支配真理的企图。它企图对显露加以控制，使之服从我们的意志。如果能够把正确的方法安排在合适的位置上，如果我们的方法程序能够得到电脑的辅助，那么我们将会解决许多重要问题。我们将会在事物的真理上占据主导地位，在我们自己中间并在其他人中间强行取得共识。我们对于方法的确信背后存在的哲学原理就是这种看法，即认为我们是通过证明事物而不是通过达成明见性来认识事物。

方法似乎使我们控制真理，与此相反，明见性却似乎是不可预料和无法掌握的。它好像过分地依赖于有能力成就它的人。它似乎依赖于显象，依赖于事物碰巧如何向我们显露。对于同方法程序相反的明见性的依赖可能显得过于被动，不够积极有力。理性主义者可能会由于发现明见性具有偶然性而感到不安，而且会为我们不能掌握真理这一事实而感到遗憾，然而这的确是实际情况。我们确实不得不等待有利于真理显现的适当人选和时机，我们必须依靠适应真理显现的心灵而不是依靠方法。在明见性面前并非人人平等；我们必须为它做好准备，甚至在有所准备之前，我们就必须具备能够达到明见性的、未经加工的天生的能力。就显示事物的真理而言，我们并不是平等的。

隐蔽与真理

明见性将事物带至澄明，但是一切明见性都从缺席和模糊状态浮现而出，而且，关注对象的一个方面，通常也意味着对象的其他方面都没入暗昧之中。理性生活并不是简单的一个一个相继出现的明见性和启明（illumination）。相反，理性生活是在场和缺席之间以及明晰和暗昧之间的推拉牵扯。

我们一般认为出场是好的，但由此得不出结论说缺席和隐蔽就是不好的。事物进入隐没状态，这有可能是必然的也是好的。隐蔽不是丧失，它也可能是保存与保护。事物需要在适当的时机被看见。吉奥乔尼（Giorgione）的油画《大风暴》（*The Tempest*）曾被收藏几十年无人得见，我们现在都还拿不准画中的形象意味着什么；维瓦尔蒂（Vivaldi）在两百多年里默默无闻；我们可能实际上并不知道莎士比亚是谁；经院哲学在 18、19 世纪被笛卡尔主义所覆盖……这些事实都不一定是悲剧。甚至在我们认为对某事所知甚详的时候，我们还是有可能正在错过重要的东西：关于一幅油画或一个文本或一个事件的丰富历史资料，关于一种疾病或天文现象的大量信息，都保证不了我们一定能够阐明正在被考虑的事物的真理。这些事物可能正在等待着得到理解的适当时机。正如诠释学教导我们的那样，遮蔽也是保存。

遮蔽能够以两种形式发生，要么是作为缺席要么是作为模糊，而且恰恰是后者，也就是模糊更为重要。模糊状态最先就是对象的朦胧在场，对象由这个发源地出发，能够明晰地走向澄明。然而，一旦对象被明见，它还是有可能甚至不可避免地再次落回到模糊状态。这种回落之所以发生，乃是因为我们必须把已经获得的明见性视为理所当然的，以便继续向前，达到以它为基础的进一步的明见性。原初的明见性变成了**沉积物**，如同现象学的隐喻所形容的那样。它变成了隐蔽的预设，使更高的东西能够达到澄明，但是当我们关注这个更高更新的明见性的时候，那个较低的、更为原初的明见性就会退进幽暗之中。它不再被本真地联结。举例来说，在伽利略和牛顿那里发生的对于自然的几何学转化，就是一次明见；它使某个范畴结构呈现出来。随着时间的流转，人们都认为世界在形式上是数学化的，简单地把这一点视为理所当然，而现在则需要努力重新激活或重新构造这个居于现代科学的核心之处的明见性。

我们的全部文化制度皆是如此。戏剧（theater）的含义也已经落入沉积状态；它被视为理所当然的，尽管它原本是作为一种特定的描绘和范畴联结而产生的。可以说，书写，甚至人类的语言及其句法结构也是这样。记数活动以及记数活动中被构造的数字，也有可能丧失其原初的含义和方向。进而言之，这些隐蔽的原初性、这些沉积的文化与范畴形式，都有可能蛰伏起来，可能受到忽视，但它们仍然是有效力的；它们生成一种文化的力场。它们就像是埋在地里的强磁铁。它们规定着我们的所作所为可以达到的范围，而且对于我们人类的大部分活动来说，它们还作为未被承认的前提而发挥着作用。那些信赖方法的人可能会希望声称，真实的明见性永远不会回落到暗昧之中，当新事物进入焦点之时，没有任何事物会出离焦点，因为借助于新的程序应用，对象总是触手可得的。然而，这种对于全然在场的期望注定会失望。隐蔽与失落就像清楚与明白一样，都是实实在在的。

167

　　哲学试图借助某种考古学、某种思维形式——它接受我们的世界中现存的文化事物和范畴事物，并且努力挖通它们的范畴沉积层——来恢复事物的原初含义。它尽力回溯我们的思想史上层层积淀的明见性；它试图回到那个发生原始分化的时刻，而这种原始分化确立了现在被给予我们的东西。它力求回溯贯通在我们继承下来的范畴形态之内所存在的发生性构造。达到事物的本质也意味着达到开端和本源。

　　此外，这种哲学的考古学不是经验性的历史学的一种形式，它并不在古代典籍中寻找它的最初根源，尽管它必须利用历史学和典籍。它的最初根源是我们直接遭遇的范畴事物和文化事物，而它试图去做的事情，就是依照这些事物的原样来发掘它们，彻底地开启它们，直到揭示出它们的基本范畴，甚至揭示其前范畴的预期。它试图去"拆解"它们。举例来说，我们把语言和作品回溯到分化之处，语言就是通过这些分化而从其他种类的符号中显露出来；我们将几何学和作品回溯到诸多意向性类型，这些意向性确定了几何（the geometric）本身，正如它区别于其他的空间现象。在达到这些开端的过程中，往昔的典籍和原始的形式都是不可或缺的。但是，我们的探究深入到事物的起源，直到原始的分化，它们属于哲学上的理解，而不是属于历史学的或经验性的理解，所以，往昔的典籍和原始的形式提供不了我们在这样的探究中正在寻找的那些说明。

因此，哲学依赖于这个事实，即我们获得真理，但不是获得自然态度中的整个真理。如果我们根本没有得到任何真理，如果我们确实没有正确的意见和科学，那么也就不存在任何哲学。哲学对这种理性成就所意味的东西加以反思。但是，如果我们无所不知，如果不存在任何隐蔽、模糊、暗昧、差错和无知，那么同样也就不存在任何哲学，不存在任何智慧的追求。黑暗之现象制约着光明的可能性，它还制约着对于什么是光明和黑暗加以反思的哲学的可能性。在哲学中，黑暗本身尽其所能地来到澄明，但是哲学也必须拥有良好的判断力来让黑暗存在。如果哲学打算尽力消除黑暗，那么它就会变成理性主义，变成想要取代自然态度而不是对其进行沉思的企图。

意义之中的三层结构

让我们回到正确性的真理，也就是当我们由命题或陈述开始并试图证实其真假的时候所发生的那种真理。在与这种真理打交道的时候，重要的事情在于区分出命题中的三层意义结构。对于这三个层次的讨论，将把我们引回到第七章在"模糊性"的标题下所考察过的主题。

不过，着手研究这三个层次之前，我们必须在命题的句法和内容之间做出区别。**句法**是关于命题的逻辑语法；它由诸如"并且""但是""与""是"等词项表达出来。句法是判断的连接组织。

它的作用就是连接陈述的内容项，作为判断中的"肌肉"，它承担繁重的提升工作；它推、拉、升、降我们用来命名事物的语词。有时候，句法是用特定的词项来表达的，诸如我们刚刚提到的那些语词，但是它也可以由词形的屈折变化（例如名词的不同的格）以及语词在句子中的位置来表达：例如在"约翰撞车"这个句子里，我们可以通过观察名词在句子中出现的位置来识别哪个名词是主语，哪个名词是宾语；而"车撞约翰"这个句子表达的就是完全不同的事情了。句法项也被称作判断的**伴随范畴性的**部分（这个词项是现象学从中世纪逻辑那里借用的）。它们之所以被称作"伴随范畴性的"，是因为它们不是单独作为意义单位而出现的；它们必须附加于它们所联合的其他语词；它们需要"与"其他语词一起出现。

　　相反，一个陈述的**内容**起到的作用不是联结其他语词，而是表达正在被谈论的事物或方面。为了理解内容概念，让我们来想象一下"约翰撞车"这个句子被去掉全部句法结构之后的情况。如果我们消去全部句法，留下来的就是纯粹内容："撞，约翰，车"。我们必须把这个做法投射到理想的极端，甚至于想象"约翰"和"车"都不再是名词，"撞"不再是动词。我们还必须想象这些语词的相对位置不具有任何意义。如果我们能用这种方式来净化这个句子，就会得到没有任何结构的内容。我们就会得到纯粹的**范畴性的**词项（categorematic terms），得到只是命名事物但是没有任何次序或联结的语词。于是我们得到不带任何句法的纯粹语义。

　　我们把句法和语义彼此完全分离从而突出纯粹句法和纯粹语义，这种突出当然完全是想象的。事实上我们使用的每一个语词都有句法，而几乎所有语词都附带着某种语义；这两个方面是相互依存的两个要素，而不是可以被分开的实体性部分。不过，在作为命题与语词的两个维度即句法和内容之间做出的区分仍然是合法的。

此外，这个区分在我们的理性现象学那里是非常有用的，它使我们能够分析这一节开始就提出要检查的三个结构层次。

1. 第一个层次涉及产生出**有意义的**命题的各种句法组合。如果只是把一连串词项诸如"因此、是、并且、X（任何对象的名称）、与"等组合起来，我们不会获得一个有意义的整体。另一方面，一个像"因此，X 伴随 Y 而来"的组合却是有意义的，并且可以用在适当的场合。第一个组合是没有整体含义的大杂烩，其缺陷就在于这一串词项的句法上。这一串词项不可能被呈现为一个意义整体。显然，这样的串连不可能被带向正确性的真理，因为它连或真或假的资格都没有。它完全是无意义的。严格地说，即使有人嘴里发出这一串语词，但是他什么东西也没有说出来。此外，这样的句法杂烩并非只是哲学的建构物；人们说话的时候确实会不时地出现这样的混乱词串。它们可能出现在说话者情绪紧张的时候，或者出现在说话者或写作者对他们正在试图讨论的东西感到极度困惑的时候。人们的确会像婴儿说话那样咿咿呀呀说不清楚。这样的说话者没有提出某个有望成真的陈述，其原因就在于他们正在说的东西句法不当，而不在于他们的言语的虚假。他们所说的甚至不能被认为是虚假的，因为它没有满足真与假的先决条件。

2. 然而，一旦我们获得句法上有意义的命题，与命题的**一致性**（consistency）有关的第二个层次结构就出现了。两个陈述可能在句法上有意义但又互相矛盾，比如说，"他五点到家；他五点不在家"。甚至一个单独的陈述，如果它足够复杂的话，也有可能是自相矛盾的或者是不一致的，例如，"他走进一座棕色的白房子"。这样的陈述在语法上是可以接受的，但是它们"发言反对"自己，它们自相矛盾。在自相矛盾的情况下，我们断言一件事，然后又"不断言"或者断言其反面。在这种情况下，我们确实拥有一个有意义的陈述，它在句法上是可以接受的，因为如果不是这样的话，我们也就不知道矛盾已经出现了；我们的言语满足了句法标准。然而，我们还是没有说出"一件事情"：我们在说出一件事情的幌子下说出了两件事情，而且这两件事情是不可调和的，它们不能都被断言。我们正在说出某事，但同时也在取消它。在混乱的句法中根本不存在任何意义，然而在这里虽说存在某个意义，但是这个意义却闪烁不定；"意义"在此崩溃了。前后不一致的陈述尽管是有意义的，但是不可能有望成为正确性的真理。我们先天地知道，试图证实或证伪一个不一致的陈述是徒劳无益的。

　　不一致是一种与句法混乱不同的缺失，但它仍然在更大程度上相关于句法而不是相关于陈述的内容；它与命题的组合学有关，与命题如何被放在一起的方式有关。句法涉及词项组成命题的方式，而一致性则涉及几个命题组成复杂命题或更大整体的方式。

　　3. 第三个结构层次涉及我们说出的内容，涉及我们提出的陈述的**融贯性**。我们可能成功地提出句法上正确而又一致的陈述，但这些陈述还是有可能无效，因为它们的内容相互之间没有任何关系。举例来说，"我叔叔是难以读懂的"这个陈述是无法令人接受的，这并不是由于它不合乎句法或者自相矛盾，而是因为它不融贯："叔叔"和"难以读懂的"这两个词项彼此不般配。它们属于不同的范畴或不同的语言游戏、不同的话语和存在区域。这个陈述是"无意义的"，然而这种无意义不同于句法上有所缺陷。这个命题的句法没有任何毛病，然而它的内容却是错误地生拉硬扯摆在一起。我们还可以举出几个不融贯陈述的例子，比如，"这本书很高"，"我的猫是个阻挠议案通过的议员"，"那棵树是一个只会讲一种语言的人"，以及"第十修正案被烤了"。

　　顺便提一句，所有这样的陈述如果被当作隐喻来看待的话，可

171

能会被赋予某种意义，但是我们这里假定它们都是按照字面意义来陈述的。的确，隐喻的本质就是把来自不同话语区域的词项放在一起，以便联结我们正在谈论的事物所具有的新的方面。隐喻张扬它的不融贯，目的是为了表达观点。

　　有人可能会提出反对意见，即认为没有人会犯这样愚蠢的错误；没有人会说他的叔叔难以读懂，那棵树只会讲一种语言。我们在前面举出的几个例子是出于简便的缘故挑选出来的，的确有些牵强，然而在生活中常常可以看到人们的言说不融贯。言说中的不融贯可不是什么罕见的现象。举例来说，许多关于政治事务的陈述都犯有这方面的错误，谈论宗教、艺术、教育、道德、人类情感和哲学等等的陈述也都是如此。任何一位批改过政治理论或哲学考卷的教师都会知道，学生答题时论述无力，其主要问题并不在于他们写的语句都是错的，而在于这些语句是不融贯的：它们把不合适的语词都掺和在一起。很难对这样的论文提出评论意见，因为它里面没有任何明晰的命题是可以改善或改正的。它没有任何明确的论点可以让人做出答复。更为常见的是，在教学考试领域之外，要修正人们对于艺术、政治或宗教的错误看法更是难上加难，这并不是因为人们所说的完全就是错的，而是因为它是不融贯的。

　　我们区分出来的命题结构的三个层次——句法形式、一致性和融贯性——有助于我们形成关于人类推理的几点重要看法。举例来说，这些区分可以表明形式逻辑在真理的探索过程中起到怎样的作用。形式逻辑为第二个层次即一致性层次提供规则。它并不向我们保证命题的真，但是它详细说明了它们的有效性条件，即这些命题要想有望成真就必须满足的条件。形式逻辑表明命题如何能够有效地组成更大的整体，如何组成论证，而不至于陷入矛盾。如果一套命题是不一致的，那么我们就知道不能通过明见它们所表达的事物来确证它们；因为这样的明见性被先天地排除了。

批判某个论证的途径之一就是找出它的不一致之处，不过另一个途径就是找出句法缺陷，这种句法缺陷表明说话者首先在形式上就没有把命题组织好。句法混乱的语句甚至没有资格获得一致性方面的检查。然而不融贯的陈述也没有资格接受一致性的检查。类似于"我的猫是个阻挠议案通过的议员"这样不融贯的陈述是无所谓矛盾或不矛盾的。说这只猫是又不是一个阻挠议案通过的议员，这并不是在说出任何矛盾的事情，因为这里根本不存在可以与之相矛盾的有效的命题意义。内容的不融贯就像句法的混乱一样，违反了一致性的先决条件。

思维之中的这三种缺陷——句法混乱、矛盾和不融贯——实际上会发生在我们的思维充满了模糊的时候，而我们在第七章已经看到，在人类的话语中，模糊状态并不罕见。这就是我们在说话的时候有时会发生的情况，而对有些人来说则是大部分时候都会发生的情况。不明晰的思考、思维混乱是这三种杂乱无章状态的来源，尤其是第三种即不融贯状态的来源。句法上的过失比较罕见，因为如果我们落到这一步的话，实际上就是在发出咿咿呀呀的声音，而不是在说话。但是不融贯却极其常见，尤其是在人们开始谈论那些超过简单而明显的事实进入到更具反思性的问题之时，很容易出现不融贯状态。

关于个体事物的经验作为基本的明见性

因此，命题内容的融贯性是一致性和命题之真的先决条件。这种融贯性从何而来？我们怎样获得那些告诉我们什么内容可以同其他内容相结合的规则呢？

实际的情况是，我们并没有设计出相关的规则来告诉自己，"叔叔"这个词项可以和"男性、高或矮、有或没有胡子、大方或

173 小气"等结合，而不可以和"难以读懂的、天文学上的、猫科的、分子的"相结合。融贯性并非只是来自那些支配着我们的词汇的语言学规则。毋宁说，命题内容的融贯性来自我们关于对象的经验，特别是关于个体事物的经验。它来自于这个事实，即我们与特殊事物遭遇时，发现某些内容或范畴是共属的（belong together），然后我们把这些事物联结成具有这样特点的事物。随着我们把对象从前述谓的明见带到述谓的明见，这些特点就浮现出来了。我们表述的全部命题，最终都来自我们自己或者在我们的语言学共同体之中的其他人对于有关事物的经验。为了让"我的叔叔是光头"这样的命题成为可证实的，那么，"叔叔—光头"这两个内容的结合就必须是可能的，而这个可能性之所以出现，则是因为这种特殊的结合能够在原则上出于前述谓经验而被联结起来。也就是说，我们能够找到这两个被结合在一起的内容。

在正确性的真理中，我们从命题出发，然后将其返回到前述谓经验的明见性上。命题原本起于前述谓的、个体的明见，而现在当它得到确证的时候，它返回到同一个来源并且被融入前述谓经验。如果这个命题被证伪，我们会发现我们的明见抵制我们力图用来使之充实的意向。我们并不是仅仅通过检查陈述本身来发现命题之真；事物本身、我们在各种直觉样式中遭遇的对象，以目的论的方式调整陈述，从而使其适合确证或驳斥。在明见性构成的等级之中，本质上最先的和最后的明见性都是关于事物的直接经验的明见性。所有的意义及其句法和语义结构都起于经验，并且朝向经验以及在经验中被揭示的存在者而得到调整。

因此，人类的言语被指向在其可理解性中的事物，人类的理

性被规整着趋向作为其目的和完善的真理。形式结构本身并不是目的，而是在揭示事物的过程中发挥作用的工具。语言学结构可能形成精美复杂的整体，我们有时也可能被它们迷住，以至于认为除了能指和句法的游戏之外不存在任何东西，认为它们都是自足的。结构主义者和解构主义者都相信这一点，认为在符号行为的游戏之外不存在任何"中心"。但是现象学看到语言的形式模式被赋予了更大的尊严和美：它们不仅相互影响，而且还揭示事物的存在方式及其可能的存在方式。心灵——它构成意义及其形式结构——发挥这样的作用，最终是为了明见事物的真理。

174

此外，我们所经验的事物并不只是通过感觉器官而知觉到的物质对象。我们确实看到苹果是红的、房子是白色的，但我们也看到欺骗、慷慨、工具和体育运动等的实例，而且在联结这些实例的时候，我们使这些事物具有的特点充实丰满起来。所以，有观点认为我们经验到的唯一个体仅仅是像石头和树木这样的物质对象，这种观点是不正确的。

最后，一致性和融贯性并非只是存在于理论事务。它们也支配着实践的思维。我们可以批评某项公共政策或个人计划，指出它是不一致的或者不融贯的：实施该政策或计划的手段可能相互矛盾，也可能违背它们应该实现的目的；可能是在同一时间追求几个不相容的目标（我们的行动目的相互矛盾）；在我们的计划中，手段和目的的真正含义可能完全是混乱的。有时候，行动上的不一致可能是由于计划受到不可避免的压力而产生的：我们知道计划有问题，但是必须有所作为，而且只能这么做，我们会想方设法应付过去。不过，在另外有些情况下，不一致和不融贯只是暴露了当事人的无能。

明见性与美

我们所明见的事物并非只是无用信息的来源。我们并非只是偶然拣起诸如"这棵树很高""阳光明媚"等事实。相反，事物除了是真实的之外，还是善的、值得赞赏的。我们所认识的事物是有价值的。我们之所以持续不断地知觉事物，我们之所以旋转立方体以便看到其他的视角面，或者走进一座房屋来观察它从外面看不到的部分，其理由就在于有某种重要的东西值得我们去发现。事物引起我们的兴趣，激发我们的联结，这固然是因为对它们有所发现可以满足我们的各种需要和兴趣（那个苹果已经长熟可以吃了，这棵树可以爬上去），而且也因为事物本身就是美的，能够回报我们的好奇心。我们认识的事物并非只是一些乏味的、无关紧要的信息清单，而是不可思议的显象的来源。我们不断地因为看到某个事物是什么而感到惊奇，也因为看到它能够是别的样子、因为它能够呈现给我们的"其他方面"而感到惊奇。一个球迷无论看了多少场足球赛，他还是会对现在这次比赛将要出现的场面和结果感到好奇。不管听过多少遍巴赫的《哥德堡变奏曲》，我们还是渴望聆听这一次演奏，看它是不是能够让这首曲子听起来有所不同。无论两个好朋友曾经在一起度过多少时光，他们还是会经常期待着另一次聚会，期待着享受将会出现的更多的显象。我们对于常新的情境下出现的人类行为（英勇或懦弱，慷慨或贪婪）总是百听不厌。每个事物——一座花园或一棵树，一件珠宝或一次惬意的散步——都有它的美（kalon），而且依照它自己的样子是美的或者是值得赞赏的。

我们说事物是多样性中的同一性，这并非意味着它只是产生出越来越多的材料（data），就像是根据同一份报纸印出的大量副本。相反，事物就像是一个放射源，持续地放射出不同种类的能量，同时又保持并且被认定为同一个对象。显现不只是交给我们诸多事实，它还揭示出事物特有的美。即便我们是粗俗的功利主义者，对事物本身的优雅视而不见；即便我们是市侩的实用主义者，仅仅由于事物能够在某个方面对我们有用才激发了我们对事物的兴趣——甚至在这个时候，我们还是在承认事物的某种善，即效用之善。甚至在这个时候，事物也不仅仅是信息的来源。

放射性元素都有半衰期，尽管它们可以持续放射能量长达数千年之久，但仍然会随着时间的流逝而衰竭。然而，作为显象之源，作为多样性中的同一性，事物没有半衰期。它对能够欣赏它的接受者产生新的显象，并且强度越来越大，而不是逐渐减小。它无穷无尽，蓄积着永无止境的令人惊异的显露。我们无法穷尽关于一个对象的认识。事物作为一个同一性是有深度的；无论它已经向我们呈现了怎样的显象，还是存在着其他的未曾呈现的方面，而这些全都属于同一个事物：我们傍晚在布鲁克林高地（Brooklyn Heights）散步的时候放眼望去，帝国大厦看起来是怎样的？艾森豪威尔怎样行使他的总统职责？肯尼思·布拉纳（Kenneth Branagh）扮演的哈姆雷特会是什么样的？这道菜放上番红精调料味道会怎样？此外，有些已经显露的显象可能会隐蔽起来，只是在后来的某个时间、从其他的视角，才会再度显现给说其他语言的人，显现给某个共同体，而这个共同体可能会记得我们已经遗忘了的事情。所有这些显象也都属于同一个事物。我们获得的任何真理总是围绕着缺席和隐蔽，围绕着神秘，因为我们所认识的事物总是比我们能够认识的更多，指称总是大于含义。

因而，理性生活贯通于形式逻辑的复杂结构、句法的组合学、命题内容的聚合，贯通于在场、缺席和模糊之间的相互作用。它涵

176

盖着直接的显露和正确性。它在沉积和复苏之间运动。它是先验自我经历的生活,并且是以明见事物的存在方式为趋向而得到规整的生活。

第十二章
本质直观

在我们的经验中，我们不只是与诸多个体和群体打交道，我
们还对事物的本质有所洞见。举例来说，我们不仅能够看到我们遇
见的所有人都具有语言能力，而且还能够看到语言能力普遍而必然
地是人之为人的一部分。它是人的本质的一部分；没有语言能力的
话，我们也就不可能是人了。我们不仅能够看到物质对象同它们的
环境发生因果作用，而且还能够看到它们必定如此；如果没有这种
相互作用的可能性，物质对象也就不会是其所是。同样，一个被知
觉到的对象必然而普遍地是存在于多样的侧面、视角面和外形之中
的同一性，而我们也能够看到它是如此的。本质被我们所明见。

对本质的洞见被称为**本质直观**，因为它是对于埃多斯（eidos）
或者说是对于形式的把握。我们不仅能够直观到（或者说，使之向
我们呈现）个体及其特征，而且还直观到事物拥有的本质。本质直
观是一种特殊类型的意向性，具有它自己的结构。现象学对这种意
向性进行了分析，它描述了我们如何能够直观到本质。

对于本质直观的分析

就像所有其他的意向性一样，本质直观也是一种同一性综合。
我们通过它来辨识在多样的显象之中的同一性，但是这个同一性和
多样性与我们直观个体事物的时候出现的同一性和多样性在类型上

不同。为了表明本质直观如何使本质向我们呈现，我们必须通过意向发展的三个层次来追溯它。

1. 在第一个层次上，我们经验到一些事物并且发现它们之间
178 的相似之处。举例来说，我们可以发现这块木头漂浮在水上，另一块木头也漂浮在水上，第三块也是如此。在这个阶段上，我们发现了一种相当弱的同一性，它被称作**典型性**。这个层次可以用下述系列来象征：A 是 p_1，B 是 p_2，C 是 p_3。严格说来，在这个系列中的谓词并不是相同的谓词；它们只是彼此相似。我们得到了一个仅仅是基于关联而建立的同一性综合，因为一个特征的在场使我们相当被动地预料另一个与之关联的特征跟着它出现。对我们来说，漂浮一直与木头关联，或者咬人一直与狗关联，所以我们预料下一块木头也漂浮，下一只狗也会咬我们，但是我们还没有对木头漂浮或狗咬人做出一个明确的判断。我们的经验被程式化，或者说是被典型化了，不过还没有被提升到明晰的思维。

2. 在第二个层次上，我们逐渐看清，这三块个别的木头可以说并不是仅仅拥有三个相似的谓词，而恰恰是拥有一个相同的谓词。这个层次可以用下述系列来象征：A 是 p，B 是 p，C 是 p。在这个时候，一种同一性综合就发生了，我们在其中不是认识到诸多相似之处，而是相同之处，某个"多中之一"。由此可见，单纯使用表达述谓的语词，例如"漂浮"这个词，本身并没有指出这个词究竟是用来命名相似性还是相同性。对同一个语词的使用掩盖着两种不同的意向性，两种不同的认定。当我们确实用这个语词来表示相同的特征的时候，我们就达到了一个**经验的共相**（empirical universal），因为我们从中发现该述谓的所有实例都是我们已经实际经验到的事物。到目前为止，我们遇到的所有木头都漂浮，而且在经验上我们用一种普遍的方式来表达这个发现，比如，"木头漂

浮"，但是我们的明见性仅仅达到我们的经验所及的范围。我们的断言可以被进一步的经验证伪；可以想象，我们有可能会碰到几块不漂浮的木头。对黑天鹅的发现就能够证伪"所有天鹅皆白"这个普遍的断言，因为这个断言是建立在一个经验的共相基础上的。

3．在第三个层次也就是最后一个阶段上，我们努力达到为事物的存在所必不可少的那个特征。我们努力超出经验的共相而达到本质的共相（eidetic universal），达到必然性而不仅仅是规则性（regularities）。为了做到这一点，我们从知觉进入到想象领域，从实际经验转到远离实际的哲学思考。如果我们取得成功的话，就会获得本质直观。

我们按照以下方式来进行。我们首先关注我们已经达到的一个共相，设定属于该共相一类的一个实例。然后，尝试想象这个对象在一个被称为**想象的变更**过程中所发生的诸种变化。我们让自己的想象自由驰骋，于是就可以看到，有哪些元素可以从这个事物那里消除掉，而不至于使它"粉碎"或"爆炸"，变得不再属于它那一类的事物。我们尽量扩大边界，尽量扩展这个事物的外围。如果能够把这个对象的一些特征抛弃之后仍然保留该对象，那么由此我们就知道这些特征不属于该事物的埃多斯。然而，如果碰到某些特征是必须破坏了这个事物之后才能够消除掉的，于是我们就意识到这些特征对它来说就是本质上必要的特征。比方说，如果试着想象一个被知觉到的对象，当我们接近它的时候，它没有变得更大，当我们远离它的时候，它也没有变得更小，那么我们就会说，我们不再是正在知觉着一个物质的、空间的对象：因为空间的膨胀和收缩都是接近与远离的一个因变量，它们都是对于空间事物的知觉所具有的本质特征。如果我曾经尝试过想象让别人的经验在我的记忆中出现，那么我就会看到这是不可能的事情：只有我自己的经验可以被我回忆起来。如果我们曾经尝试过想象没有连续性的时间，或者不带修辞色彩的演说，那么我们就会看到这样的事物都是不可能存在的。当撞上这样的不可能性的时候，我们就成功地达到了本质直观，明见到本质，获得了一个比我们在经验的共相中获得的那种认定"更为必然的"认定。我们认识到，与木头漂浮、天鹅是白色的等事实相比，这些事物在更强的方式上"必定是"。到达本质直观之后就可以看到，我们所探究的那个事物要是别的什么样子的话，那就太不可思议了。与经验上的归纳相比，想象能够为我们提供更加深刻的洞见。

本质直观并非易事，它需要高度的想象力。要能够尽量想象不可能的东西，要能够看到它是不可能的因而不能被思考，这就要求我们能够超出我们已经习惯的事物，超出我们按照常规经验到的事物。我们大部分人都生活在经验的共相之中；我们想当然地认为，事物都会按照被我们通常经验到的那种存在方式而存在，然而，我们并没有尽量去想象它们有别样的存在方式，以此来检验其必然性。要能够从惯常的事物和经验的东西中发现本质，这需要创造性的想象。举例来说，牛顿把作为一种永恒的宇宙容器的绝对时空引入进来的时候所发生的时空转换，还有在相对论中发生的进一步的时空转换，都是本质直观的尝试，都是以牛顿和爱因斯坦能够实行的想象的变更为基础的。他们让想象去投射这种新的可能性，把时间空间推到人们习以为常的普遍接受的时空之外。显然，这类事情并不是每一个人都能够做到的。

想象的变更发生在虚构之中，在那里，想象的境况虽然不同于常情，但是有助于显露出一种必然性。这些境况表明事物必然是怎样的情况。这并不是说人们只是想象稀奇古怪的场景。纯粹幻想的投射是很容易做到的，但是要想有所洞见的话，就必须在想象的境况中揭示出必然性。为了做到这一点，想象的变更就必须构思巧妙；我们必须有能力知道，怎样富有想象力的呈现才会达到目的。想象使我们得以瞥见必然性。这种洞见——古希腊人将其称为努斯（nous）——就是我们付出的想象力所得到的回报。

因此，这两件事是必须做到的：使想象的投射超出可能的事物，洞见到我们所投射的东西不可能存在。必然性就暴露在我们曾经试图想象的东西所具有的不可能性之中。我们甚至可以在科幻小说里看到这两个必备条件。在科幻小说中，最奇异的境况都被想象出来了，但是基本的人类交往在这些境况中似乎全都重新出现了：诚实和欺诈、审慎和鲁莽、勇敢和怯懦。只要描写到理性的执行者，这些活动就似乎是不可避免的，而且我们还发现，这些活动甚至在遥远的未来或者遥远的宇宙空间构成的奇异背景之中仍然继续存在，于是，它们的必然性就暴露出来了。我们可以想象人类是生活在宇宙飞船里，而不是居住在地球上，但是我们无法想象他们没有彼此沟通的可能性，也无法想象他们没有能力成为无畏、冲动或怯懦的人。科幻小说值得注意的地方，并不在于它描写的场景和技术与我们的如何不同，而是它的主角与我们何其相似。

哲学中到处都使用了想象的变更和本质的洞见。因为它们牵涉到幻想，所以不免让人产生哲学是与虚幻的境遇打交道的印象。然而，哲学想象的宗旨并不是去编造幻想的剧情，而是要用这些投射来显示某些事物所具有的无情的必然性：比如用来表明人们在公民生活中发现他们道德上的完善，或是表明物质事物陷入因果网络，或是表明时间和空间包括一些彼此外在的部分，或是表明在人的活动和制作（making）之间、实践和创制（poiēsis）之间存在着差异。这些本质的必然性比经验上的真理更加深刻和牢固。事实上，它们是如此深刻和牢固，以至于人们通常将其视为理所当然的，而且认为没有任何理由再来对它们做出断言。一旦哲学家们系统地阐述了这些真理，于是又招来另一种常见的抱怨，就是抱怨哲学研究那些最明显不过的琐碎事情。为什么这些明显的事情还需要说明呢？究竟有谁还会对这些事情提出疑问呢？

这些事情确实需要说明，其理由有二。首先，尽管这些事情都是显而易见的，然而的确还是有人否认它们。比如，有些人说，人的实现是在经济生活而不是在道德和政治生活中完成的；或者说，根本不存在任何知觉；或者说，时间是幻觉；或者说，根本就没有真理和明见性这回事。其中有些断言早在哲学的萌芽时期就被智者派提出来了，它们在人类的生活中总是挥之不去。哲学始终不得不召回那些明显的事情，因为人们确实会忽视甚至否认它们。哲学不得不捍卫自然态度的真实意见。

除了这项防卫性任务之外，哲学还有第二个比较积极的理由来说明它为什么要宣布"琐碎的事情"。对于本质必然性的觉察乃是人性的满足。对于本质必然性的沉思让我们感到愉悦。它们是值得了解的。如果有些作家能够发挥其想象力并且洞见必然的事情，他们就是在帮助我们看到永恒的事物。并不是每个人都想看到这些事物，但是我们当中的许多人却有这样的希望，并且，对于那些能够享受这种洞见的人而言，深入到本质必然性之中的洞见本身就是它自己的正当理由。

这样看来，哲学所遭受的指控——指控它与幻想或琐碎的事情打交道——实际上是诬告。正是因为哲学利用本质直观，运用想象来显示事物必然的存在方式，所以才遭此责难。

对于本质直观的进一步评论

我们的讨论已经给出了有关本质直观是什么的一般观念。关于 182
这种直观以及通向它的三个阶段，还可以展示出许多更进一步的细
节。让我们花一点时间再来浏览一下这种意向性形式。

我们区分出了第一和第二个阶段，在这两个阶段上，我们分别
经验到单纯相似的事物和经验的共相。唯有在第二个层次上，个体
的充分意义才向我们展示出来。只有当我们理解到真实的共相诸如
"红色""漂浮""正方形"等的含义，也就是诸多实例之中的在同
一性上的相同之物，我们才获得了在共相参照之下的个体或殊相所
具有的含义。在第一个层次上，我们经验到个体，但是还没有将它
们视为个体。它们作为个体的含义还没有为我们而得到构造，因为
这种构造的发生需要共相的衬托。

在第一个层次上，我们只是经验到诸多相似，我们可能会使
用同一个语词来表示许多实例，然而这个语词是在类比的方式上
使用的。小孩子可能会把所有的男人都叫作"爸爸"或"叔叔"，
或是在所有情况下都用"走"这个词，但是在这个时候，他并不
是在使用这个词语来表示任何单义的或者特定的事物。在这个阶
段上，心灵还浸没在相似性之中，普遍与个别的区分尚未出现。
这个层次的意向性还淹没在关联之中，没有达到精确的认定。此
外，作为更高级的意向性的一种基础，关联性层次依然伴随着我
们。甚至在进行成熟的思考之时，每当我们陷于模糊，或是寻找
正确的语词或合适的隐喻来表示新的境况的时候，我们也会间或
退回到这些原始的阶段。本质直观把我们带入柏拉图的形式所构
成的领域，带入《理想国》第五卷描述的那条分割线的最高部

分，^①但是关联性层次即单纯的相似构成的领域却把我们放到这条线的最低部分，使我们生活在无实体的影像中间。但是，无论我们多么喜爱生活在形式中间，我们从未遗弃较低层次上的显象，而且唯有通过这些显象，我们才能够接近较高层次上的可理解之物。

183　我们并不是始终都能够成功地获得本质直观。我们有可能在没有达到本质直观的时候却以为是达到了。我们的努力可能不奏效，也可能做得过头。我们可能想象新的东西，而且认为已经揭示了我们正在考虑的事物的某种必然性，然而我们也有可能是搞错了：我们也许已经滑入到没有本质的纯粹幻想之中。苏格拉底想象过一个公共占有妇女、儿童和财产的城邦。他认为自己已经发现了关于人类家庭和财产的真理，但是亚里士多德批评苏格拉底把纯粹幻想误认为可能的现实（亚里士多德：《政治学》第二卷第六章）。有人可能会批评牛顿的绝对时空假设走过头了，是关于可能存在的事物的过分夸大之辞。霍布斯想象人们处于某种纯粹自然状态，然后想象一种契约，这种契约确立一位君主来统治完全平等的臣民；他认为自己正在揭示人与社会的真实本性，但是他极有可能已经陷入没有洞见的幻想之中。苏格拉底的城邦、霍布斯的君主、笛卡尔主义的意识以及数学化的理想自然等，这些全都遭受了过度想象之害。它们是误置的直观，是幻想的投射，而不是对于我们真正在其中生活的那个世界的表达。

当我们在本质的寻求上误入歧途，当我们把幻想的投射当作必然的真理，我们就是在本质必然性方面犯了错误。这种错误不是在简单的事实或经验的共相方面出现的过失。我们的错误是"哲学上

---

① 作者在这里出现了笔误。柏拉图的"线喻"出现在《理想国》第六卷，509C—511E。——译注

的"错误，而不是在事实判断、知觉或者记忆上的差错。并非一切想象的变更都是成功的，而且当它们失败的时候，它们并没有转变成另一种类型的意向性。它们还是本质直观的尝试，只不过是失败的尝试。因为本质直观是与想象合作，它就是像在玩火：我们的想象很容易失控。

　　我们如何改正本质直观方面的错误呢？通过和别人讨论这些错误，通过想象反例，尤其是通过观察我们提出的本质是否符合我们在达到这个本质之前已经认定的经验的共相。经验的共相是在我们区分出来的第二个层次上构造的，它们为本质的共相提供了基础。本质的共相超越了经验的共相，但是它们依赖于后者，而且不应该破坏后者。我们在本质直观中所发现的东西应该确证而不是摧毁经验性真理（empirical truth）。经验的共相对我们的想象加以控制。当我们说哲学应该符合"常识"的时候，我们就是在诉诸我们的标准经验所产生的成果，即经验的共相。经验的共相为我们提供了一个在实在世界之中的立足点，如果轻视这些共相的话，那么我们达到的本质就会误入非实在。

184

　　与本质直观有关的另一个要点，涉及不可能性即否定性的必然性所发挥的作用。我们并不是正面地看到事物与我们所检验的特征之间的必然联系。相反，我们是通过来自否定性的洞见的反弹而看到必然性的：我们看到该事物离开该特征而存在的不可能性，于是我们认识到，这项特征是本质特征；我们无法想象这个事物可以丧失这个特征而存在。否定性的不可能性揭示出本质的必然性。我们必须冒险涉足不可能性，正是这个事实迫使我们在本质直观的过程中诉诸想象：想象能够尝试去描绘不可能性，从而显露必然性，但是知觉何曾能够如此呢？

　　想象的变更和本质的洞见可以在自然态度中进行。这种**本质还**

原关注事物的本质形式。不过，本质还原不同于先验还原，后者使我们的态度发生转变，也就是从自然态度转到现象学态度。先验还原和本质还原都是现象学应用的方法。借助于先验还原，现象学沉思意向性及其对象相关项，但是它也展示出这些意向活动和意向对象的本质结构，因此也在运用本质还原。现象学关切的并不是某个人偶然拥有的经验和对象，而是这些经验和对象具有的本质必然结构，这些结构对于任何意识都会是有效的。现象学的目标在于发现事物和心灵为了显露的发生而必须是怎样的。

第十三章
对现象学的界定

第十一章关于明见性的考察把理性解释成朝向事物的真理而规整的。理性就在于显露和确证事物之所是。甚至在自然态度中，心灵也会在真理那里发现其完善。从先验视点出发的现象学也是理性的一种运用，同样分享这种思维的目的论。它也指向表现，只不过其方式不同于发生在自然态度中的科学和经验。我们称之为"世间语"的语言用于揭示真理；"先验语"也是这样，只不过是以不同的方式而已。

在我们自然成就的明见性中，在平常的经验和科学中，我们让事物向我们以及我们置身其中进行交往的共同体显现。我们让植物和动物、星辰和原子、英雄和恶棍表现它们自己。然而在现象学的反思中，我们把关注点转向这些显露本身，转向我们所实现的明见性，而且我们还思考什么是"成为表现的接受者"，什么是"存在者成为显明的"。现象学是研究真理的科学。它从我们与事物的理性牵连中后退一步，继而对这些事实感到惊异：存在着显露，事物确实显现，世界能够被理解，我们在思想生活中充当事物的显现的接受者。哲学就是明见明见性的科学和艺术。

现象学也考察真理受到的诸多限制：不可避免的"其他方面"导致事物无法得到完全的揭示，与明见性相伴随的差错和模糊，还有沉积作用——它使我们有必要总是再次回忆我们已经知道的事

物。现象学承认这些对于真理的干扰，但是它并不因此而绝望。它
186 认为这些仅仅是干扰，而不是我们的存在之实质。它坚持认为，尽
管有这些阴影相随，但是仍然能够获得真理和明见性，而且理性就
在显露事物的过程中臻于完善。理性绝不是在差错、混淆和遗忘中
完善自己的。

哲学始于我们对自然态度及其全部牵连所采取的一个新姿态。
当我们致力于哲学的时候，我们后退一步，沉思什么是成真，什么
是获得明见性。我们沉思自然态度，从而也就采取了一个在它之外
的视点。后退的这一步是通过先验还原而做到的。我们不再简单地
关切对象及其特征，而是思考正在被揭示的事物及其为之表现的接
受者之间的关联。在先验还原的范围内，我们还实行本质还原，描
绘那些不只是对我们自己，而且也对每一个致力于明见和真理的主
体性来说都是有效的结构。

我们在第四章考察了哲学思维，并且深入地探讨了先验还原。
现在可以从一个稍微不同的角度来考察哲学的本质：我们将利用第
七章提出的某些思想，即命题和概念不需要被设定成心灵之物，也
不需要被设定成发挥中介作用的概念性的存在体。我们在第七章指
出，命题出现在针对一种特定类型的反思做出回应的时候，我们把
这种反思称为"命题性的"或"判断学的"反思。当一个事态被当
作某人所主张的事态来看待的时候，这个事态就被转变成一个命题
或含义。我们改变了它的身份；它不再是事物的存在方式，而是变
成某个人联结和呈现这些事物的方式。于是，命题性反思所构造的
这些命题就变成正确性真理的候选者。如果它们的引号能够被去
掉，并且与事物本身的直接明见性相协调，那么就可以把它们说
成是真判断。

这一章要做的事情，就是通过与命题性反思的对比，更加明确

地揭示什么是哲学反思。这两种形式的反思经常相互混淆，也正是由于这种混淆，才导致哲学思维的特殊品质常常受到误解。我们将表明哲学反思和命题性反思的诸多差别，这些差别将会帮助我们更加清楚地说明现象学探究的本性。

187

范围上的差别

我们生活在世界之中并且联结事物，无论是在理论语境抑或是在实践语境。假定你我正在谈论一栋房子，你说了许多话，其中有一句提到这栋房子有 50 年了。我一直在听你讲，不加反思地同意你的全部说法，也一直在你的引导下联结着世界，但是现在这个断言让我停了下来。它似乎不是很对。我中断自己的轻信，不再幼稚地接受你所说的一切；我切换到命题性样式：我不是把这栋房子有50 年屋龄当作事物的存在方式来对待，而是把它当作你正在呈现事物的方式来对待。我改变方向，进入命题性反思。我给这栋房子有 50 年屋龄加上引号。我不是把这个事态当作明见的事实，而是当作你的命题、你的看法、你的言辞的含义。我把这个事态当作你主张的事态，当作被你呈现的事态。原本的事态现在就变成了一个命题。

假定我有进一步的经验导致我同意这栋房子有 50 年屋龄，于是我就把置于引号中的东西去掉引号。我停止命题性反思。我认识到这个命题是正确的，它与实际情况一致，与能够在直接的明见性中被给予的情况一致。这个命题（当作被主张的事态来看待的事态）与事实相协调，并且被认为是真的。但是另一方面，假定我进一步的经验和调查得出的结论是，这栋房子的屋龄没有 50 年而是只有 20 年，于是我会把"这栋房子有 50 年屋龄"上面的引号固定住；我会看到你的这个命题是假的，它不能够被去掉引号从而再次转变成简单事实，它不能享受正确性真理的权利。它作为真理候选者的资格被取消了。它只是一个命题，只是一个被主张的事态，只是你的意见，除此之外不可能是别的。在这种情况下，我再也不能放开我的命题性反思，不能把你的说法当作事物存在的方式。

这种在事态与命题之间的往返运动，在对待事态的两种方式——一种是把事态简单地当作事态来对待，另一种则是把它当作单纯被主张的事态来对待——之间的往返运动，是一项高度复杂的人类成就。它是人类理性的一个本质部分。我们无法想象一个理性动物没有这一力量；丧失了这项能力的存在体也就失去了理性。除了多半是以最低级最原始的方式之外，非人的动物不可能将事态命题化，它们不可能进行命题性反思，不可能把某种情况当作仅仅是被某人呈现的情况来看待，或者当作对于某人说过的东西起到确证作用的情况来看待。在是什么、似乎是什么、说的什么以及什么进行确证之间的这种曲折运动，被铭记在人类语言的语法之中，铭记在诸如"我断言 p""你说 q""你所说的是真的（或假的）"等惯用语之中，也铭记在句法的许多其他维度之中。

向命题性反思转换的能力使我们能够与自己涉及的任何议题拉开距离。当我们被卷入关于某事的交谈之中，甚至当我们正在独自思考某个问题的时候，我们都能够转换到命题性样式，把正在被呈现的东西当作**单纯**被呈现的，当作一个命题或含义而不是事物存在的方式。向命题性样式转换的能力，以及确证或驳斥向来已久的说法的能力，使我们确立成为有责任的言说者，即能够说出"我"并且能够认定自己是这个或那个真理宣称的执行者。

然而，这种向命题性反思转换的能力，以及运用由于命题性反思而得以可能的那种真理的能力——作为我们的理性本质的象征，这种能力还是颇为荣耀的——与进行哲学反思的能力并不是一回事。必须把命题性反思和哲学反思区分开来。如果我们成功地完成这一区分，就会更好地理解命题性领域和哲学领域。

当我进行命题性反思，当我把这栋房子有 50 年的屋龄当作单纯是你的命题的时候，我仅仅是反思这一个事态，即这栋房子有 50 年的屋龄。其他的一切都留在了原地，没有被加以反思：比如，你作为我的对话者而在那里，我作为你的对话者而在这里，我们发出的声音，树木、草坪、天空、天气，房子本身的白色、木制以及殖民地时代的建筑风格，等等。此外，支撑着我的全部特殊确信的世界信念也还留在原处，没有触动，未加反思。在进行命题化的时候，我与某个特别显著的事态甚或一组事态拉开距离，但是还有无限多的事态、事物和语境都完全没有受到反思性批判的触动。它们的信念品质（doxic quality）依然完整无损。它们作为一种基层保留在原地，而我就在这个基层上找到对于转变成命题的事态进行反思的时候所需要的杠杆。

另一方面，当我致力于哲学反思、实行现象学还原的时候，我与自然态度中的一切事物都拉开了距离：其中不仅包括这栋房子有 50 年屋龄这个事态，还包括整个房子、树木、草坪、作为交谈者的你我、天气、大地、天空、日月星辰，甚至还有作为所有这些事物之基础的世界及其关联的世界信念。这是极度的全盘反思，不遗漏任何事情。我们对一切都保持距离，甚至对世界本身以及拥有世界的我们自己也都拉开了距离。我们没有继续保留几个信念，将其作为某种基础来为我们提供杠杆；我们没有留下一块可以立脚的基层。我们对任何确信都加以反思。所有的确信，甚至最基本的确信，都受到中止并加以反思。这种包罗一切的反思就是哲学的反思；比较受到限制的反思则是命题性反思。

189

因此，哲学反思与命题性反思之间的最初差别是活动范围的差别：哲学反思是普遍的，命题性反思是有限的，针对的目标仅仅是这个或那个事态。

种类上的差别

你可能会问："那么好吧，命题性反思与哲学反思的差别是否在于这个事实，即前者是有限的，后者是全面的？难道命题性反思仅仅处理这个或那个事态，而哲学反思却绝对处理一切？哲学只是得到扩展以至于覆盖了我们拥有的全部确信的命题性反思吗？它们二者是同一种反思，只不过它们的范围有所不同，是不是这样的呢？"

对于这个问题的回答是否定的。哲学反思与命题性反思不仅在其活动范围上有所差别，而且，它们是不同种类的反思，在下述方式上有所差别。

实行一个命题性反思的目的，是为了检验从这个命题中浮现出
190　来的命题之真。也就是说，命题性反思使我们能够证实已经变得有疑问的主张，这就是它的实用之处。我们进行命题性反思的目的，是为了更加准确地查明实际情况。如果查明这个命题为真，那么我们就带着这次确证所提供的更加有力的、新的明见性再度接受它。如果查明它是假的，我们就拒绝它。于是它就变成一个被抛弃的、错误的判断。为了真理，为了证实，所以要实行命题性反思。当我们转换到命题性样式，我们的全部真理旨趣绝不会受到损害。

另一方面，实行哲学反思并不是为了这些实用的理由，不是为了证实或证伪某个断言。它是更为纯粹的沉思，更为纯粹的超然。当我们对于包括世界信念在内的全部确信都在哲学上保持一定距

离，当我们对于包括世界在内的、向我们的意向性呈现的一切事物都保持距离的时候，我们并不是像实行命题性反思那样，将所有这些事物和确信都加上引号，直到能够证实它们是否为真。它们并不是按照我们中止命题的方式被中止。它们是被中立化了，但不是为了被证实，而只是为了被我们沉思。

当我们把一个事态命题化从而进入**命题性反思**的时候，我们是在质疑这个事态。我们不再断言它。我们改变了它的样态：它曾经是一个确信，但是现在我们使其成为可疑的，或者至少是有问题的。而当我们进入**哲学反思**的时候，我们并不改变我们在自然态度下持有的确信的样态。我们与这些确信拉开距离，由此去沉思它们，此刻不去分享它，但是我们并没有使其成为可疑的或者有问题的。我们并不试图去证实或证伪它们。我们只是思考它们，并力图梳理出它们的意向结构与目的论。当我们进入哲学之时，我们任由一切如其所是。我们并不试图改变前哲学的意见、证实或明见性。我们必须听任一切如其所是，否则就会改变我们想要考察的事物。

在某种意义上，哲学对自然态度中的真或假漠不关心，对此我们不应该见怪。哲学确实沉思成真状态，但是也承认虚假、模糊、空虚意向和差错等自然态度的组成部分，哲学并不试图去清除这些伴随着真理而来的阴影。它承认它们在追求真理的过程中都是不可避免的。它不是要接管这些阴影并且力图除掉它们。哲学不打算用它自己的视角、用它自己的冷静超然和更大的洞察力来取代自然态度的视角。它不打算称王称霸，也不打算断言它的真理样式是绝无仅有的真理样式。

如果哲学的反思打算得到如同命题性反思一样的对待，那么哲学就真的会变成帝王。它会想方设法挤入前哲学的探究和活动，它会试图取而代之。它会设法纠正一切，力图把自然态度中的混乱清

191

除干净，把所有的片面看法、模糊和欺骗都一扫而光，力图使我们
生活在纯粹的光明之中。它会闯入人们的交谈，它的声音会压过人
的状况之中的其他全部声音。如果哲学打算忠实于自己的命运，它
就必须保持谦逊，而不能像刚才说的那样肆意妄为。它是人类理性
的皇冠，但它必须把自己限制在它自己的那一类真理上，限制在它
自己的纯粹沉思性的目的论上；它必须防止自己取代自然态度的技
巧和专长。如果哲学家想要取代政治家、律师、科学家和工匠的
话，他就会显得十分可笑。当然，要是政治家或者其他方面的专家
认为自己的事业乃是人类理性的顶峰，那么他也是同样可笑的。

到目前为止，我们已经看到哲学反思与命题性反思在两个方
面的差异：在范围上（前者是普遍的，后者是有限的）和种类上
（前者只是沉思，而不是企图去证实；后者与决定陈述的正确性相
适应）。此外还有两个更深一层的差异需要进一步讨论。

意向对象与含义、加括号与加引号之间的差别

在哲学反思和命题性反思那里，我们变更了意向的对象相关项
被给予我们的方式。

在转入哲学反思并且实行先验还原的时候，我们不仅关切我
们的意向性，而且还考虑这个意向性的目标，也就是被给予我们的
192 各种意向方式（知觉、记忆、想象、预期、判断等）的事物。然
而，从哲学上的有利位置看来，我们并不是直接而素朴地关注这些
对象；相反，我们恰恰是把它们作为正在被自然态度中的意向性所
意向或者正在被呈现给这些意向性的对象来关注的。我们不是把
它们简单地当作事物来看待，而是当作"正在被意向的事物"来看
待。也就是说，我们把它们当作意向对象，按照意向对象的方式来

考虑它们。举例来说，知觉对象，从哲学的视点来看待并且作为被知觉到的东西来考虑，作为知觉的对象相关项，就是知觉的意向对象。被断言的事态，从哲学的视点来看待并且作为被断言的东西来考虑，作为断言的对象相关项，就是断言的意向对象。现象学的任务就在于探索意向对象与它们相应的意向活动之间的关联，意向活动构造了意向对象，并使得被揭示的事物呈现给我们。

现象学还原将对象转变成意向对象。相反，命题性反思则是把对象转变成含义。当我开始质疑一个事态，并且将它作为仅仅是你所主张的来对待，这时候我就把这个事态转变成了一个含义或命题。我把它看作只是你表达的意义，然后我就能检验它的正确性了。然而，"是一个含义"不同于"是一个意向对象"。含义或命题有可能被证实，有可能成为正确性的真理，但是意向对象只是哲学分析所针对的目标。当我们进入现象学反思的时候，世界以及世界之中的一切事物都被转变成意向对象，但是不可能把世界和世界中的一切都转变成意义或命题，转变成需要被证实的东西。

正如第七章表明的那样，在实行一个命题性反思的时候，我们可以说是把我们正在质疑的事态加上了引号。你告诉我这栋房子有50年屋龄，我却犹豫不决，拿不定主意是否应该同意你，于是我把这栋房子有50年屋龄转变成你的意见，即"这栋房子有50年屋龄"。与这种加引号行为相似的情况也发生在现象学反思之中；现象学中也有一种加引号行为，很像自然态度中实行的加引号，但是必须对它们加以区分。

在现象学态度中，我们不只是关注对象；我们是把它们当作自然态度的目标来关注，当作在自然态度中被呈现给我们的意向性的东西来关注。因此，在进行哲学讨论的时候，我们是把自然态度"放入引号"。与此不同，我们在自然态度中意向事物的时候，是把我们自己"放入引号"。不过最好还是不要使用"加引号"这个词，免得把我们引向混乱。我们还是沿用公认的现象学术语，于是可以这样讲：在实行哲学反思的时候，我们把世界和世界中的一切事物都**加上括号**，把它们放到括号里面。括号就是对哲学来说的引号。它表示我们在致力于哲学思考的时候对事物所保持的那种距离（我们如其被呈现给前哲学的明见性那样来看待它们），正如引号表示我们致力于命题性反思的时候对事态所采取的那种距离。括号意味着我们正在把放在括号里的东西当作意向对象来看待，而引号则意味着我们正在把放在引号里的东西当作含义来看待。

视角上的差异

哲学反思和命题性反思之间还有一个差别需要考察。我们知道，命题性反思是在自然态度中实行的，它中止的是对于一个意向性及其对象的信念，但是并没有像现象学反思那样中止我们的世界信念。当你告诉我这栋房子有 50 年屋龄，而我对这个事态实行了命题性反思，在这个时候，我仍然保持在自然态度之中。这个事态（这栋房子有 50 年屋龄）被转变成一个命题或含义，但它仍然是在自然态度范围内得到转变的。

一个含义或命题本身是一种特定的意向性所对应的对象相关项。它是一个命题性反思的相关项，正如被知觉的对象是知觉的相关项，被断言的对象是断言性联结的相关项一样。

现在，当我们转换到现象学态度，我们将命题或含义当作一个命题性反思的对象相关项来思考。我们以意向对象的方式来关注它。这个命题或含义就是一个意向对象，如同其他意向性的任何对象相关项一样。事实上，我们一直在展开的对于确立命题领域、含义领域的整个描述，都是从哲学反思的内部来完成的。我们正是以现象学家的身份指出了命题或含义是在回应命题性反思的过程中出现的。

因此，尽管现象学的反思贯彻始终，直到把世界信念也悬置起来，但它并不只是在这个意义上比命题性反思更为彻底；它还关注命题性反思，并且描述后者的成就，在这个特别的意义上来说，它更具包容性。现象学反思紧接着命题性反思之后而来，并且说明命题性反思的所作所为；它说明命题性反思如何构造命题。然而命题性反思却没有说明向现象学的转变。命题性反思的雷达网捕捉不到这个转变。

我们在第四章曾经讲到，不应该把意向对象等同于含义。现在我们可以解释为什么不应该将这二者等同起来。把含义等同于意向对象，就是把命题性反思等同于现象学反思。这也就是把哲学简单地当作对于意义或含义的批判性反思；也就是把哲学等同于语言分析。这样一来，我们由以进行哲学思考的特殊立足点、哲学分析所具有的独特本质也就无法彰显了。哲学就会受到同化，成为自然态度范围内的一种活动。意义或含义之所以不同于意向对象，正是因为命题性反思不同于哲学反思。

对这两种反思的一个图解

我打算通过描绘一个类比来尽量澄清哲学反思和命题性反思之间的相互作用。我希望利用连环漫画的例子来展示这两种视角的差异：一个是我们从事哲学思考的时候采取的视角，另一个则是我们把一个陈述命题化并检验其正确性真理的时候拥有的视角。

假定我们手里有一幅连环漫画，上面画的是一个人（阿尔法）

正在对另一个人说话（贝塔）。阿尔法在给贝塔讲关于树的事情。阿尔法说的话都被圈在"泡泡"里头，这些"泡泡"在漫画里用来表示画中人物的对白。假定附在阿尔法上面的"泡泡"里写着："要是再刮大风，这些树都会被吹倒。"在连环漫画里，贝塔通常都
195 会按照表面意思来理解阿尔法的话，并且会按照他听到的阿尔法的言论来考虑这些树。但是假定贝塔变得多疑，他想知道阿尔法说得对不对，于是他把阿尔法联结过的事态命题化。贝塔这样做了，这时候就好像他把他的关注点转移了，也就是从那些树转移到附在阿尔法上面的那个"泡泡"的"概念内容"上，而那个"泡泡"的"概念内容"就是"这些树之会被风吹倒"（被当作主张来对待）。

不过，当贝塔实行这个命题性反思战术的时候，他还完全是在连环漫画的图框里。他仍然停留在自然态度之中。

那么怎样把哲学反思画到这个场景里面呢？哲学家不可能被画到这幅连环漫画里面。哲学家就好比正在观看这幅连环漫画的人，而不是漫画中的一个角色。他站在自然态度的图框"外面"，在连环漫画的卡通画片之外。哲学家（栖身或悬浮于现象学态度）沉思这幅连环漫画里面正在发生的事情（自然态度中的交谈）。漫画中的人物阿尔法和贝塔实行着各种意向性行为（知觉、想象、回忆），他们构造范畴对象，他们相互交谈。他们也进行命题性反思，比如把一个事态转变成命题或含义并检验其真实性。

有一件事情是连环漫画里的人物不可能做到的，那就是爬出画框来看这幅漫画。这种行为无论在逻辑上还是在形而上学上都是不可能的。他们是在漫画里，不可能逃脱出来。由此类推，他们不可能做到的事情就是采取现象学的视角。同样，这幅连环漫画的读者不可能做到的一件事情，就是爬进这幅漫画来取代画中人物的意向和明见性。由此类推，哲学家不可能介入自然态度。然而，哲学对

自然态度的这种介入实际上正是笛卡尔试图针对我们的知觉经验所做的事情，正是霍布斯试图针对我们的政治生活所做的事情。他们想要用哲学来取代我们的自然生活。然而，他们引入的理性主义有可能毁掉人类的生活而不是拯救它——我们很快就会在最后一章看到这一点。

不过，在离开这个连环漫画的类比之前，我们还须对它加以限定，把它变得更加复杂一些。像所有类比一样，它有点儿牵强。哲学家的确不可能被画进这幅连环漫画里，也不可能作为其中的一个人物而介入这个漫画故事。然而，他也不是完全脱离这个故事及其人物。他同样生活在自然态度之中；当他进入现象学态度之时，他并不像漫画与其读者的关系所暗示的那样跨到世界之外去。在这个方面，当读者与漫画之间的空间差异被翻译成哲学与自然态度之间的关系的时候，这种空间差异可能会误导我们。哲学家本身确实超越世界，但是他在超越世界的时候依然是世界的一部分。现象学向我们提供了一条内在超越之路。哲学并不是作为自然世界之内的标准"职业"之一而抛头露面的，然而它确实有某种公开的在场，这种在场常常让那些不谙哲学思考的人感到困惑。

这两种反思的重要性

这一章探讨的现象学与命题性反思之间的区别，对于揭示哲学思维的本质而言特别重要。如果忽视这个区别，仅仅谈论自然态度与现象学态度之间的对立，那么我们的探讨也就不会正视与现象学的本性有关的一个最为常见的混淆。哲学常常没有得到足够彻底的理解；它被当作对于意义的单纯反思和澄清；也就是说，它经常被当作从命题性反思的视角来完成的事情。

　　哲学只有在命题性反思发生之后才出现。它是超出这种反思的一个理性步骤。在自然态度之中，我们在朝向真理的运动中经历了三个层次：第一，我们简单地知觉和意向事物；第二，我们在范畴上联结事物，把句法引入到我们的经验中来；第三，我们对得到联结的事物进行命题性反思，并且因此而对它们采取批判的态度。这三个层次都属于自然态度。只有在通过这三个阶段之后，尤其是完成了命题性反思之后，我们才能进入哲学思维。如果我们打算继续前进到更加超然的、我们称之为哲学的思维，在此之前必须完成命题性反思的批判思维，检查命题的正确性。"我认为这是实际情况"或者"我知道这是真的"等语句中表达的"我"，是在哲学中表达的"我"的前提。

　　哲学反思不只是对命题性反思的反思——它的范围包括所有的意向性及其对象相关项——但是它只有在命题性反思及其容许的真理发生之后才能够被启动。批判的、命题性的推理是哲学推理的一个可能性条件。

　　命题性反思必须先行于现象学反思，所以我们会发现难以将它们区分开来。我们感觉到，要想更加充分地深入到哲学所带来的新维度中去还是比较困难的。我们往往认为对意义的反思就是最高形式的反思分析了。正是出于这个理由，我们可以说，如果要更加深刻地理解作为真理之科学的哲学究竟是什么，那么我们就有必要明确地区分命题性反思和现象学反思，区分含义和意向对象。

第十四章
当前历史语境中的现象学

现在，我们要考虑现象学如何适应当今的哲学场景，以此来获 得对它的最终看法。我们在第十三章的结尾处曾经指出，笛卡尔和霍布斯都试图用哲学态度来取代自然态度。他们认为哲学不仅能够澄清而且能够取代前哲学的思维所固有的知识。这种对于哲学理性的力量的信念，连同这种对于其他经验形式的怀疑一起，乃是现代性（modernity）[1]的典型特征。现象学对哲学的理解与此大相径庭。它认为前哲学的思想应该得到完善的保存，因为这种思想有它自己的优越性和真理，哲学应该沉思前哲学的思想而不是取代它。因此，尽管现象学产生在现代哲学的范围内，但是它也与之保持着一定的距离。为了表明现象学如何做到这一点，让我们首先对现代性做一番诠释。

---

[1] modern 一词国内一般译为"近代"，而该词的原意是指区别于希腊语和拉丁语的，即区别于古希腊和中世纪的时代，也就是 16 世纪之后的历史时期，德语中 Neuzeit（新时代）也是这种含义。国内"近代""现代"之分，主要源于历史学将资产阶级革命时期划为近代，而无产阶级革命时期划为现代。哲学史实无此划分，西方语言也无此区别。西语中与此相对应的两个词是 contemporary（当代，同时代的）和 postmordern（后现代）。——译注

现代性与后现代性

现代哲学有两个主要的成分：政治哲学和认识论。在这两个成分那里，现代哲学在其起点上把自己界定成一场反对古代和中世纪思想的革命。在 16 世纪初，马基雅维利为自己开创了政治生活中的新模式和新秩序而感到自豪。在 17 世纪早期，弗朗西斯·培根和笛卡尔则宣布他们正在倡导新的思维方式来思考自然和人的心灵，这些新的思维方式要求抛弃我们继承的以及常识的确信，并且在知识的寻求中采取新的方法来指导我们的心灵。

由马基雅维利所开创、再由霍布斯加以体系化的新政治学不仅仅是一种理论创新。它还产生了一种实践上的后果，即现代国家的确立。现代国家不同于先前的政治统治形式。在所有的前现代政治形式中，社会的一个部分——无论是一个人、富有的少数人、贫穷的多数人、中间阶层或者较优秀的人们——对全体进行统治。统治者可能会运用他们的统治权来谋求共同的利益，也可能用来谋求其私利，但是在任何情况下，政治共同体都包括正在对其他人进行统治的一些人。即使在据说是以法律来进行统治的共和政体下，人们依然形成这样的政治集团（establishment），因为必须要有足够的具有政治美德和智慧的公民，法律的统治才得以可能。

这种政治形式大大不同于现代国家。一个新的存在体即主权（the sovereign）在现代国家中诞生了。主权不是国民中的一个群体。它是一个建构物，而不是一种自发的人类发展或者自然的结合形式。它是哲学家们的发明，被提出来作为一项永久解决人类政治问题的方案。主权的引入是要结束个人或者群体为追求统治而发动的没完没了的斗争。主权概念的用意是打算把人类的政治生活理性化。它在适当的位置放上一种不具人格的结构，这与古代和中世纪城邦里存在的人格化的统治形式截然相反。据承诺，主权的引入将会缔造公民和平（civic peace）。主权提出的唯一要求是，所有臣民（因为他们现在是臣民而不是公民）都放弃对于任何公共活动和言论的权利要求。主权将会保护他们免受彼此的侵害，并允许他们追求其私人的享受和喜好，但是全部公共决定和言论都必须交给主权来独自处理。

过去五百年的政治和思想史始终贯穿着主权观念所塑造的现代国家的形成和发展历程。现代国家最早体现于 17 世纪和 18 世纪的绝对君主制。然后它抛弃这些君主制，在法国大革命时期更加清楚地显露出自己的面目。法国大革命以后，经过长期的发育——在 19 世纪的法国、俾斯麦施政时期的德国，以及内战和内战后的美国——现代国家在俄国革命和接下来的苏维埃国家那里又一次鲜明地表现出来。这种主权观念继续存在于我们当代的政治社会，在种种倾向上表现出来：把全部权威都集中于单一的无人格的权力来源，集中于全权的政府，而这种权力来源、全权政府则消解了所有其他形式的社会权威。

200

现代国家不仅体现在这些方方面面，它还经历了马基雅维利和霍布斯之后的种种理论提炼。它在黑格尔那里得到了最终表述，而黑格尔的表述又被卡尔·马克思所改写。自黑格尔以来，我们看到的是一场势均力敌的思想对垒：一方是主权和现代国家的支持者，另一方则是召唤其他选择来取代主权的政治思想家，他们想要召回古代和中世纪理论所描述的政治形式。这里有阿列克西·德·托克维尔，他提醒我们回想现代国家以前的政治形式；也有列奥·施特劳斯，他挑拨古代人和现代人彼此争斗；还有迈克尔·奥克肖特，他试图在古代和现代政治概念之间做出调整，目的是要摒弃两者的缺点，同时又保留两者的优点。但是，现代政治哲学可以说已经完成了自己的工作。它已经在现代国家的概念及其政治上的确立方面达到了它的结论，如今一般都认为现代国家是唯一合法的政府形式：没有必要去证明现代国家的正当理由，人人都同意现代国家的形式应该处处安家。

　　讲到现代性的政治维度，现象学与此没有任何直接的关系。萨特和梅洛-庞蒂的一些作品涉及政治，但是它们对于社会主义理论的贡献甚微。阿尔弗雷德·许茨的研究更为关切社会哲学而不是政治哲学。现象学在政治哲学方面全无内容，这确实令人感到十分吃惊。不过，它在现代性的其他成分即认识论和方法方面却谈论甚多。

　　现代性不仅涉及一种新的政治生活观，而且还涉及新的心灵观。现代哲学的经典作品告诉我们，人的理性必须据有它自己。理性不能接受它从过去继承下来的或者从他人那里获得的东西。他人交给理性的意见，甚至包括感觉向理性呈现的明显的真理，这些都是误导的。理性必须学会按照新程序新方法来行动，而这些程序和方法将会确保确定性和真理。所有的科学都必须重新建立在新的、更好的基础上。理性甚至必须发展出一种方法，使它得以检验我们的感性知觉，而且使我们有可能区别开在感性基础上形成的真实印象和虚假印象。

　　和它的政治成分一样，现代性的认识论成分也有自己的历史：它经历了笛卡尔、斯宾诺莎和莱布尼茨的理性主义，经历了洛克、贝克莱和休谟的经验论，经历了康德及其追随者的批判哲学，经历了费希特、谢林和黑格尔的观念论，[1]也经历了属于19世纪和20世

----

① idealism，过去通常译为"唯心主义"，但就其词根 idea、ideal，以及其思想内容来看，与"心灵"及"主观心理"皆无任何联系。——译注

纪思想的实证主义以及实用主义。但是，此间存在着一种差异，因为认识论没有像政治哲学那样达到结论。尽管现代科学获得了巨大成功，尽管诸如人工智能和认知科学这样的研究付出了艰巨的努力，但是，与现代国家所占有的无可争议的领地相比，认识论拿不出任何与此相当的成就。作为一种关于知识和方法的理论，现代性仍然是未完成的，而现象学的贡献就在现代思想的这个分支方面。

不过，在考虑现象学之前，我们必须检查一下有关现代性的两个成分即政治哲学和认识论成分的另一个要点。现代政治哲学和现代认识论的共同之处在于，它们都坚持认为心灵应该被理解成统治的力量。在政治哲学上，在马基雅维利和霍布斯那里，心灵被认为产生了一种新的存在体即主权国家，在历史上出现过的更为自发形式的人类结合体当中，这种主权国家是从未有过的。从现在开始，哲学的洞见所带来的一个建构物将会取代人类由于争夺统治权而导致的不稳定和紧张。某种新事物、某种超人的事物，即利维坦，将会取代相互冲突的旧权威，而且这种新事物就是理性，在对人们实行统治的时候也在表达着它自己。

同样，就人的知识而言，理性通过创造各种探究方法以及展开对它自己的力量的批判，从而占有它自己，并且统治它自己的各种经验。心灵把它自己作为理性确立起来。心灵统治它自己，统治它的认识能力。心灵不是被看作朝向事物的真理而得到规整的，而是被设想成正在支配着它自己的各种活动，正在通过它自己的努力而产生着真理。心灵不是接受性的，而是创造性的。它不认为自己是以目的论方式受到规整从而朝向真理的，它不是这样接受自己，而是发明它自己，并通过批判的方法论建构它的真理。因此，在这两种情况下，在政治学和科学那里，理性或心灵都被理解成实行统治的，而且被理解成自治的。这就是属于现代性的哲学与古代和中世

202

纪哲学的主要差别，因为按照古代和中世纪哲学的理解，理性是在事物的表现、客观性的胜利和真理的获取中发现其完善的。在前现代哲学那里，甚至政治的卓越性也都隶属于那种呈现给理论生活的存在之真理。统治隶属于真理。

在现代性发挥其影响的最初几个世纪，它以理性主义表达自己。它的这一段历史以及这种思想风格，被称作启蒙运动。现代性承诺一种纯粹理性的政治社会，以及人类知识的安全而科学的发展。但是在较为晚近的时期，在尼采提出了最初的宣告之后，情况越来越清楚地表明，现代筹划的核心并不是为知识而服务的理性运用，而是某种意志即统治意志、权力意志的运用。随着这种洞见变得越来越明显，现代性开始淡出，后现代性开始接管。后现代性不是对现代性的一种拒斥，而是现代性身上最深刻冲动的展露。在我们的学术与文化生活的这个时刻，自然科学仍然在效力于经典现代性的筹划，但是人文科学在很大程度上已经被完全交给了后现代性。

现象学的回应

现象学如何适应现代哲学的这种发展？它是现代性身上的理性主义气质的延续吗？我们在胡塞尔那里看到的一些愿望和论证似乎会表示肯定。或者，它为后现代性做出了一份贡献，就像海德格尔的某些作品和德里达的全部作品似乎会暗示的那样？

我认为，现象学摆脱了现代性，并且有望重新复兴那些曾经激励过古代和中世纪哲学的确信。与前现代哲学一样，现象学认为理性是以真理为取向而受到规整的。它认为人的心灵受到的调整是以明见性为取向的，朝向表现事物的存在方式。而且，它还令人信服地详细描述了心灵获得真理的活动，以及伴随着这种成就的种种局限和暗昧之处，从而证明了它的理性观和心灵观的有效性。凭借它 203 对于理性和真理的理解，现象学使我们得以重新拥有属于古代和中世纪的哲学。

这是否意味着现象学只不过是复活古代的哲学理解从而抛弃了现代筹划？或者它只是把古代哲学和现代哲学当作思想的两种基本选择，并且挑拨二者相互争斗？不，现象学不是这样。它积极地回应现代性的各种议题。通过吸收现代哲学的优点，同时又恢复古代哲学对理性的理解，现象学超越了古代哲学也超越了现代哲学。例如，它探讨了现代的认识论问题以及数学化的科学在人类生活中的地位。它表明知觉如何不应该被理解成认识者和事物之间的障碍物，以及事物如何能够在各种不同的视角之中呈现，同时又依然保持其同一性；它考察了在我们所有经验中的在场和缺席的互动；它还澄清了科学从生活的世界中得以被构造的各种意向性。

不过，在致力于现代性的认识论关切的同时，现象学也改进了古代哲学对于科学的理解。它揭示出自我的功能，表明人类的知识不是一种与人分离开的代理智能的产物，而是能够说出"我"并且能够为自己的言论承担责任的某个人的成就和所有物。因为它承认先验自我是人的存在的一个维度，现象学由此能够把历史的和诠释学的维度引进人的知识。不过，与此同时，它并没有让真理淹没于主体性和历史环境。在对现代怀疑论做出了必要的考虑之后，现象学比古代哲学更为透彻地分析了经验和意向性，同时还更加明确地分析了哲学和前哲学之间的差异。现象学既不是反叛古代和中世纪，也不是拒斥现代性，而是以一种合乎我们的哲学境遇的方式，恢复真正的哲学生活。

现象学没有发展出一种政治哲学，但是因为它把人的理性看成是朝向真理而受到规整的，所以它能够对政治哲学做出重要的贡献。如果人的心灵在事物的明见性那里找到其目的，那么政治统治就不可能是对于人来说的最高的善。政治必须隶属于事物的真理，也就是说，政治统治的运用必须契合人的本性。纯然的统治并不提供极度的满足。统治的施行必须遵循人的卓越性，而且，它还必须承认存在着一种比它更高的生活。然而，这些真理一直都在马基雅维利开创的政治思想的视野中丧失了。

　　如果承认人是真理的执行者，那么，他们的政治结合就必须反映他们的这个存在维度。无人格的主权体系不能取代有责任的统治者和公民。不能忽视那些担任公职的人的公民道德和理智美德；施行统治并非单单涉及各种自动程序和选举过程的事情。近些年来出现的有关公民教育、家庭稳定性和社会秩序等紧迫的问题表明，古代政治哲学的教导在我们今天并没有过时。在公民和政治家的教育方面，迫切需要更好地理解人的责任——这种理解的基础，就在于把理性理解成朝向真理而受到规整的——如果人们不想成为专制国家的奴隶的话。

　　现代国家不等于共和政体，也就是法律实行统治的政治社会。主权是由理性蓄意营造的建构物，法律则是共同体继承下来的惯例，其中的一些惯例被编纂成明确的法规；法律都是习惯法，是某个民族的生活方式。当然，比法规更为基本的，就是关于政治社会的宪法，它规定政府的职能以及有资格担负这些职能的人；也就是说，它规定谁是公民。共和政体假定，人们是在各种前政治性社会里出生和受教育的，是在家庭和宗族里出生和受教育的，因此他们有各种前政治性的结合（交谊关系）。而主权受到的限制要少得多。它宣称要取代其他的全部权威和结合，让它们都受它的管辖。它宣称能够使人成为人。

共和政体和主权政体之间的另一个差别在于，共和政体从很多其他的政府形式中汲取元素：共和政体由民主制的、寡头制的、贵族制的以及君主制的成分所组成，而且这种组合使它具有很大的抗张强度。相反，主权政体则是单义的。它只有据说是代表所有臣民的一个人或者群体的单一统治。因为是单义的，它难以适应环境而改变。主权政体就是过去一直被称作普遍而同质的国家，就是现在有人希望它到处安家的那一种统治形式。它是纯粹"理性的"，然而是在现代性所赋予的含义上来说的：它表达的是计算的、方法的理性，而不是明见事物存在方式的理性。

205

现代世界中的诸如最初的美国宪法组织起来的政治社会都是共和政体。它们都是法律的统治，并且由许多来自不同政府形式的元素组合而成：民主制的、寡头制的、贵族制的以及君主制的。它们与现代世界中发展起来的中央集权势力背道而驰。就其属于共和政体而言，它们把人民当作公民而不是臣民来对待，而且认为有必要把人民作为公民而不是臣民来教育。作为公民而受到教育，就是能够作为有责任的真理执行者而进入人的交往。现象学能够强化或者恢复这种公民的自我理解；这就是现象学能够对当代政治哲学和政治实践做出的贡献。

因为关于人的意识和思想的研究具有一种超越认识论以外的价值。当我们以哲学的方式描述人的理性，我们提供的是一种人的自我理解，而这种理解并不是与政治哲学无关的东西。托马斯·霍布斯的《利维坦》描绘了主权国家的最为系统的画面，这部作品就是从一种机械主义的知识理论开始的。政治与认识论的联合并非偶然。如果人们要被塑造成一个主权国家的卑下的臣民，他们就必须以某种方式来理解他们自己。既然他们无权在公共领域里有所作为（只有主权者才能实施公共活动），他们就必须不把自己当作道德执行者来看待，也不把自己当作真理执行者来看待。他们必须把自己的智力理解成一种机械的、无人格的过程，而不是理解成一种揭示的力量。他们不能把自己当作表现的接受者来理解。主权国家和现代主体主义携手而行。"自我中心困境"，把心灵还原成大脑，以及为了迎合私人的相对主义而取消公开的真理，这些都不仅仅是认识论上的理论，而且还是政治上的倾向。如果我们被说服了，不参与真理的游戏，那么我们将会把自己看作孤独的选手，只能在我们内心生活的范围内活动。没有公共的游戏，只有私人的想入非非；没有足球赛也没有棒球赛，只有心灵的三连游戏（tic-tac-toe）。把人的理性理解成封闭在大脑里的东西，这是一种有利于主权国家的理解，尽管它在我们的文化中广为流行，不过尚未具有普遍性。这种理解的弱点在于，它是违反直觉的，而且在逻辑上是自我消解的，就像后现代主义所表明的那样。借用柏拉图的说法来讲，需要一种新的"装饰音"来促使我们更加清晰地意识到我们是什么，而哲学的政治任务就是帮助这样的音乐成为可能。

现象学与托马斯主义哲学

既然我们试图通过表明现象学如何适应现代哲学的境况来界定现象学，我们可以把现象学与经院哲学进行比较，尤其是与经院哲学的杰出代表即托马斯主义进行比较，这种做法是有益的。与现象学相似，托马斯主义也提供了现代性和后现代性之外的其他选择，但是这两种替代性选择又有差异。托马斯主义是一种前现代的或者说非现代的思维形式。它根植于古代和中世纪。历史地看，它与现代思想的早期发展相平行，当时的代表人物是 16 世纪和 17 世纪的作家，诸如卡叶坦（Cajetan，1468—1534）、苏阿烈兹（Suarez，

1548—1617）和圣托马斯的约翰（John of St. Thomas，1589—1644）。在接下来的两个世纪，托马斯主义一度进入低潮，但是在教皇列奥十三世（Leo XIII）颁布其《永恒之父》（Aeterni Patris，1879）的通谕之后，托马斯主义得到复兴，并且在19世纪和20世纪取得显著地位，主要是在罗马天主教教育界和知识界，但是其影响范围不限于此。这时候的代表人物有很多学者和评论家，也有独立的思想家，例如雅克·马利坦（Jacques Maritain，1882—1973），埃齐厄纳·吉尔松（Etienne Gilson，1884—1978）以及伊维斯·R.西蒙（Yves R. Simon，1903—1961）。第二次梵蒂冈会议之后，托马斯主义的影响大为降低。此外，弗朗茨·布伦塔诺的新经院主义哲学对胡塞尔产生了重要影响，因此在托马斯主义思想和现象学早期阶段之间存在着某种连续性。

托马斯主义和现象学都有这样的确信，即认为人的理性是朝向真理而受到规整的。不过，这两种传统之间存在着一个重要的差别。托马斯主义是在基督教信仰和启示的语境范围内发展其哲学的。它在圣安瑟伦（Saint Anselm）开启的理智维度上进行哲学思考；安瑟伦提供了一种对于哲学的可能性的"神学演绎"，类似于康德提出的对于我们的认知能力的"先验演绎"。中世纪哲学要迈出的第一步，就是去表明理性有它自己的领域，它自己的运作空间，理性不被信仰所吞并。圣安瑟伦和经院哲学家们在信仰的范围内给理性"腾出地盘"。他们知道哲学，因为他们在古代人那里看到过哲学，但是他们自己对哲学的占有则必须在启示的范围之内开始。经院哲学的伟大成就之一，就是区分开信仰与理性、神恩与自然。中世纪思想家尤其是圣托马斯·阿奎那的教导认为，自然的证据有它们自己的完整性，理性可以通过它自己的力量达到真理。不过，这种教导

207

必须从圣经信仰的内部得到辩护。

古代哲学却没有必要进行这样的神学辩护，因为哲学不必在神圣启示的范围内寻找它的位置。哲学在希腊城邦流传下来的各种意见之内界定自己。在这里，哲学把自己理解成人类思维的自然顶峰。人们拥有关于事物存在方式的各种意见，他们有能力获得某种科学知识，他们对于应该去做的正确的和正义的事情持有很多观点，他们提出有关诸神的陈述。除了心灵的这些运用之外，他们开始思考整体，而且还思考既展现整体又是其中的组成部分的他们自己。无论是在前苏格拉底的自然研究方面，还是在苏格拉底对于人和政治秩序的探究上，他们都已经开始运用哲学思维。

现象学给我们提供的正是这种理解，即把哲学理解成一项自然的人类成就。现象学没有试图从宗教信仰之内引出哲学。相反，它认为哲学是一种人类自然的卓越性，是对前哲学的理性运用的完善。因此，现象学开始哲学的方式不同于托马斯主义，不过这种方式补充了托马斯主义的进路而不是与之相矛盾。托马斯主义提供了一条进入哲学的合法途径，但是这并非唯一的途径。从信仰之内来把握哲学，这种做法并没有扭曲哲学，不过的确给哲学带来一种独特的面貌和感觉，一种独特的呈现。另外一条进入哲学的途径，更为古老的途径，就是在自然态度之内开始，然后再把哲学态度与自然态度区别开来。的确，采取现象学提供的道路可能有利于托马斯主义：有可能表明，托马斯主义所假定的语境不同于我们称作世界的自然整体。现象学能够帮助托马斯主义哲学和神学来理解它们自己的起源。

现象学与人的经验

现象学避免了后现代性具有的唯意志主义，因为它避开了现代性的明显的理性主义。它比这样的理性主义更为稳健。它承认前哲学经验和思想的有效性，没有试图取而代之。不过，正如我在前面讲到的那样，如果说现象学对于自然态度那里的真理与虚假都漠不关心的话，这种说法似乎还是有些过分了。现象学不为在它之前发生的经验做任何事情吗？难道它为了自己的利益，只是站在后面反思？

现象学能够澄清在自然态度中起作用的诸多意向性。例如，它能够表明逻辑如何区别于数学，表明逻辑和数学如何区别于自然科学；它还能够表明，这些意向性形式各自追寻的是什么，各自指向的明见性又是什么。通过澄清前哲学的经验揭示的是什么，以及它如何适应于其他形式的明见性，现象学由此为前哲学的经验提供了帮助。不过，在做这些事情的时候，现象学或哲学并没有用一种新的方法来取代已经存在的东西。它的一切所作所为，就是更加明确地区分各种已经确立了自己的完整性的意向。它清除这些意向中的混淆，并且消除它们的言语表达方面含有的模棱两可之处。

现象学也给前哲学思维提供帮助，因为这种思维无可避免要超越它自己，从而试图表述关于整体的意见。每一门局部科学，也包括人的常识，都在表达一种关于整体的意见。然而，它是按照自己的局部看法来表述这种意见的。物理学家把整体当作一个物理整体来思考，政治学家把它看成一个政治整体，而心理学家则把它看成一个心理学整体。每一种局部看法都伸出它自己的哲学伪足。与此相反，就像一切真正的哲学那样，现象学看到这两者之间的差别：一方面是关于整体的局部性看法，另一方面则是 209

适合于整体的看法。现象学避免各种局部科学的实证性。它不是盲目冒进，它知道对于整体的思考需要敏锐、斟酌、精细、类比和隐喻。与局部科学相比，现象学做出更为基本的区分。我们在谈论最宽泛的语境之时必然发生语言转换，而现象学对这些转换非常敏感。

因此，通过澄清局部科学和自然态度的局部性，揭示对它们来说是缺席的东西，通过表明可以从它们未曾享有的视角来观看它们所认定的东西，现象学为它们提供了帮助。它不是怀疑或拒斥，而是澄清和恢复。在澄清其他思维方式的局部性的过程中，现象学表述它自己的整体感。在谈论整体的时候，它也让心灵想到自我，因此，它不仅反对现代科学的自我遗忘，也反对后现代性的自我否定。现象学帮助我们思考最初与最终的议题，而且有助于我们认识我们自己。

附录

现象学百年

运动的开端：胡塞尔

现象学运动与 20 世纪紧密同行，甚至几乎是同步而行。一般
公认的第一部真正的现象学著作，即胡塞尔的《逻辑研究》，分两
卷出版于 1900 年和 1901 年，所以，这场新的哲学运动恰好是伴
随着 20 世纪的曙光而开始的。此外，这个日期的确标志着一个新
的开端，因为胡塞尔真正是一位具有原创性的哲学家。我们不能认
为他是在延续某种在他之前就已经形成的传统；甚至像他一样不同
凡响的哲学家海德格尔，也只能在胡塞尔开启的传统中得到理解，
但是胡塞尔却没有任何这样使之相形见绌的前辈。他吸收了弗朗
茨·布伦塔诺和心理学家卡尔·施通普夫（Carl Stumpf）的成就，
但是他大大超越了他们。例如，他的意向性理论就远远胜过布伦塔
诺的理论。胡塞尔在 1900 年以前写下的作品（1891 年出版的《算
术哲学》，以及此后的一些论文）尽管预示了他后来的某些思想，
不过应当被看作是前现象学的，犹如康德在 1770 年就职论文之前
的作品都被认为是前批判的。这样，站在 20 世纪末的今天，我们
就可以对这场始于 1900 年的哲学运动做一番回顾，并且尝试对它
进行全面的考察。

　　胡塞尔在哈雷大学担任了 14 年的编外讲师（Privatdozent），后来由于《逻辑研究》一书的成功，被任命为哥廷根大学教授。从 1901 年到 1916 年，他一直任教于哥廷根大学；从 1916 年开始任教于弗莱堡大学，1928 年退休。此后他在弗莱堡生活，直到 1938
212 年去世，享年 79 岁。胡塞尔生前只出版了六部著作：《算术哲学》（1891 年）、《逻辑研究》（1900—1901 年）、《观念 I》（1913 年）、《内在时间意识讲座》（1928 年）、《形式的和先验的逻辑》（1929 年），以及用法语发表的《笛卡尔式的沉思》（1931 年）。不过，他撰写了数千页的手稿：课程讲座稿、哲学提纲和沉思记录、评注以及为可能发表而准备的底稿；胡塞尔通过写作来进行哲学思考。所有这些材料都被收集在胡塞尔文库之中，并在他去世之后以《胡塞尔全集》的形式出版了多卷；这部全集目前编号出版了 29 个标题的著作，计划总共要出版大约 40 卷。

　　伊丽莎白·施托雷克（在其私人通信中）已经注意到，胡塞尔甚至在转向哲学的时候，始终都保持了几分自然科学家的特点：他最开始的一些研究以及撰写的博士论文都是数学方面的，在进入哲学领域之前，他还研究过天文学和心理学。施托雷克说，作为一个自然科学家，胡塞尔更倾向于实验而非专题论文，而且他的许多哲学作品都像是经验性的研究或实验。甚至他的大部头著作也像是由小规模的研究组成的集合物，而不像是营造起来的合成物。

　　通过教学与著述，胡塞尔一生激发了几个现象学分支的成长。他的影响力还通过另一条重要路径发挥出来，这就是他担任了《哲学与现象学研究年鉴》（1913 年由胡塞尔创办）的编辑工作。很多重要的德语专题论著都发表在这份年鉴上，其中包括海德格尔的《存在与时间》，胡塞尔自己的《观念 I》以及《形式的和先验的逻辑》，马克斯·舍勒的《伦理学中的形式主义》，以及阿道夫·莱纳赫（Adolf Reinach）、亚历山大·普凡德尔（Alexander Pfänder）、奥斯卡·贝克尔（Oskar Becker）和莫里茨·盖格尔（Moritz Geiger）等人的作品。在1913至1930年之间出版的这一系列年鉴共有13卷，其中有几卷包含的作品不止一部。最后一期《年鉴》发表的是欧根·芬克的一篇论文，题为《当下化与图像》（*Vergegenwärtigung und Bild*）。

在胡塞尔执教期间，有两个哲学群体受到了他的影响，一个在哥廷根，另一个在慕尼黑。在慕尼黑形成的哲学群体是由于阅读《逻辑研究》而自发产生的。在慕尼黑大学，西奥多·李普斯（Theodor Lipps）的学生们在19世纪末20世纪初组成了一个哲学群体，其最初成员包括A.普凡德尔和J.道伯特（Johannes Daubert），后来又有A.莱纳赫、西奥多·康拉德（Theodor Conrad）、黑德维希·康拉德-马修斯（Hedwig Conrad-Martius）、M.盖格尔、狄特里希·冯·希尔德布朗特（Dietrich von Hildebrand）以及马克斯·舍勒，这个群体深受胡塞尔已经发表的作品的影响，后来逐渐成为一个独立的现象学中心。其成员经常与胡塞尔在哥廷根见面，并邀请他到慕尼黑举办讲座，有些成员还转到哥廷根来，以便在他身边求学。这些慕尼黑的哲学家感兴趣的是胡塞尔对于心理主义的克服，以及对于哲学中的实在论的恢复。不过，他们不喜欢胡塞尔后来发展的先验哲学，把它看作是观念论的旧病复发，而且他们认为自己的工作才是不折不扣的现象学。后来在哥廷根又形成了另一个群体，其中的有些成员来自慕尼黑，比如莱纳赫、道伯特、康拉德、康拉德-马修斯和冯·希尔德布朗特，新加入的成员有亚历山大·科瓦雷（Alexandre Koyré）和让·海灵（Jean Héring）。罗曼·茵加登和艾迪特·施坦因（Edith Stein）也成为这个群体的成员，并在后来跟随胡塞尔去了弗莱堡。

当 1916 年胡塞尔移居弗莱堡大学的时候，在那里并没有建立任何正式的现象学圈子，但是有许多杰出的人物同他一起工作：施坦因、茵加登、芬克、路德维希·兰德格雷贝（Ludwig Landgrebe），尤其还有马丁·海德格尔。在 1920 年代受到胡塞尔的影响但在别的地方从事研究的哲学家有雅可比·克莱因（Jacob Klein）和汉斯-格奥尔格·伽达默尔，他们当时在马堡，更为直接地受到海德格尔的影响。

第二阶段：胡塞尔、海德格尔与舍勒

20 世纪 20 年代，海德格尔登上学术和思想舞台，致使胡塞尔的哲学运动作为一种文化现象有些脱离了轨道。海德格尔在德国的哲学世界中掀起了巨澜，并且利用胡塞尔的思想先声夺人。胡塞尔和海德格尔形成了哲学史上耀眼的双子星座之一，为了理解他们之间的关系，我们需要回溯到 1907 年，因为在这一年，海德格尔读到布伦塔诺的一本著作，该著作论述的是"存在"在亚里士多德那里的诸多含义。两年之后，在弗莱堡求学的海德格尔阅读了胡塞尔的《逻辑研究》。1913 年，他在新康德主义者海因里希·李凯尔特（Heinrich Rickert）的指导下完成了博士论文，1915 年完成教授资格论文，然后开始任教于弗莱堡大学，正好是在胡塞尔移居弗莱堡之前不久。作为一名年轻教师，海德格尔讲授的课程包括古希腊哲学、现象学和宗教哲学。1923 年，他应聘执教马堡大学，因此离开了弗莱堡。1923 至 1924 年冬季，他撰写了《存在与时间》的初稿，1924 年开始在马堡大学授课。1927 年，《存在与时间》出版。1928 年，胡塞尔退休，海德格尔应邀继任胡塞尔在弗莱堡大学的教授职位。这样，从 1924 到 1928 年，海德格尔在马堡大学任教 4 年，但是他在马堡以及此前在弗莱堡大学的授课已经让他声名鹊起，也显示了他自己独立的哲学立场。

海德格尔在 17 岁时通过阅读而接触到亚里士多德的思想，在 19 岁时读了胡塞尔的《逻辑研究》。这两个思想资源结合在一起，在哲学上深刻地塑造了海德格尔。他在《存在与时间》第七节声称自己的分析方法将是现象学的，而且对现象学的意义做了明晰的说明，不过，尽管胡塞尔对海德格尔产生了这样的影响，在这两位哲学家之间仍然存在许多明显的差别。

首先，海德格尔使用诸多古典术语来表述他的任务，而且表明了他对哲学史的充分了解。胡塞尔是一位转向哲学的数学家，而海德格尔从一开始接受的就是哲学教育。《存在与时间》引用了这样的思想资源：亚里士多德、奥古斯丁、圣托马斯、苏阿烈兹、笛卡尔、康德以及其他的哲学家与神学家，还引用了《创世纪》、加尔文、茨魏格里（Zwingli）以及伊索（Aesop）。《存在与时间》还把恢复存在问题设定为自己的目标。海德格尔能够把胡塞尔取得的成就应用到更为经典的哲学问题上，从而利用这一成就。他也能够比胡塞尔更好地使用经典的哲学词汇。

其次，在风格以及作品的内容方面，胡塞尔都是一位理性主义者，而海德格尔的著述和教学在这两个方面都会吸引读者，并且使读者面对生存论上的问题。这一点有利也有弊。其利在于，它鲜明地揭示出哲学并非毫无牵挂或者无忧无虑的思辨，而是一种生活方式，对于践行哲学的人们非常有益。但是其弊在于，当海德格尔从事其哲学筹划的时候，他没有充分地区分开理论的和实践的生活，没有区分开哲学和审慎；他也没有清楚地区分开理论的生活与宗教。他想成为一位思想家，同样又想成为一名先知和道德领袖，这两种生活形式之间的摇摆扰乱了他自己的研究工作，也给受他影响

215

的人们的思想造成了侵害。海德格尔对于向死而在的分析，或者对于焦虑和本真性的分析，其主要目的本来不是为了给我们提供忧虑的根据，不是让我们严肃认真地忙于生活，也不是要我们走出焦虑进行抉择；相反，他是把这些现象当作通达存在问题的途径。它们的功能是分析性的，而不是劝诫性的。它们是为了表明，存在问题不仅仅在思辨的形而上学之中被揭示出来的，而且也在各种各样的人类生存之中被揭示出来。然而，甚至在海德格尔自己的著述中，这种分析性目的确实是同某种宗教和道德劝诫混合在一起的。这些著述含有某种先知式的东西。一个人可以是哲学家，也可以是一位等待着诸神重新降临的先知，然而这种试图同时兼任哲学家和先知的做法却是误导的。

如果用另一种方式来表达胡塞尔与海德格尔之间的差异，那么可以这样说，胡塞尔是从科学家与数学家的冲动开始，然后把这种冲动转变成哲学，海德格尔则是从宗教冲动开始，并将其混合到哲学冲动之中。理性主义者胡塞尔认为自己是一个自由的、非教条的、非独断的基督徒，但是他在作品中只是非常节制地使用宗教范畴。他专心致志地从事作为一门严格科学的哲学。他尊重宗教，但是与宗教保持某种程度的距离。相反，海德格尔似乎把他的哲学展现成一种对于宗教问题的解决。人们一直都看到，胡塞尔的一些追随者皈依了天主教或新教；这倒不是因为胡塞尔鼓励这种举动（当然，他似乎为此感到有些尴尬），而是因为他的工作恢复了对于不同的经验领域的尊重，这就使人们得以不受妨碍地培植他们自己的宗教信仰。但是，在海德格尔的追随者中间，这样的皈依却是不常见的，而且我还会认为，在海德格尔塑造的人类语境中，相反的情况反而更有可能发生。人们会倾向于从宗教信仰转向哲学，将哲学作为对待宗教冲动的一种方式。关于道德、本真性、决断、人的生存的诠释学等问题，以及时间性和永恒问题，都会由哲学分析与劝诫来处理，而不是由传统形式的宗教奉献来处理。对这些问题做出的哲学答复甚至会被认为是更加可靠的。没有人试图用胡塞尔的范畴来解释《新约》，然而鲁道夫·布尔特曼（Rudolf Bultmann）就试图用海德格尔的范畴来这样做，而且人们还可以宣称，有其他的学者对天主教信仰也做了类似的事情。

216

　　胡塞尔的什么思想对海德格尔产生的影响最大？我认为是这一事实，即胡塞尔解决和克服了笛卡尔主义的或者说是现代的认识论问题。胡塞尔的意向性概念去除了关于某种孤独而自我封闭的、只对它自己和自己的感觉与思想有所觉察的意识概念。认识论问题甚至在《存在与时间》第13节遭到冷落。我们经验并知觉到事物，而不只是事物的显象，不只是事物对我们造成的影响或印象。事物通过多样的呈现而向我们显现。胡塞尔提出了这种实在论，他不仅指出笛卡尔和洛克的立场的自相矛盾之处，观念的途径所具有的自相矛盾之处，而且还对各种形式的意向性做出了详细的描述性分析，这些分析凭借其精确性和说服力证明了自己。人们并不证明实在论；如何可能做到这一点呢？人们展现它。

　　更详细地讲，意向性学说的这一突破表现在胡塞尔的两个更为特殊的学说之中：第一个学说是关于范畴联结的分析，第二个学说则是他坚持认为我们确实意向在其缺席状态的事物。这两个学说都明显出现在早期的海德格尔那里。胡塞尔的范畴学说表明，当我们联结事物的时候，当我们判断、联系、组合或建构事物的时候，我们并非只是在排列我们自己内在的概念、观念或印象；毋宁是，我们把世界中的事物联结起来，我们把部分在整体范围之内显露出来。举例来说，我们的判断并不是我们试图使之与"外在的"世界相对立的、内在的构成物；在其最基本的形式上，它们都是对于我们所经验到的事物的断言性联结：我们联结事物的呈现，联结它们由以被给予我们的方式。因此，不应该仅仅就知觉方面来考虑胡塞尔的意向性学说——在这个方面我们被告知，我们知觉到的事物都直接地向我们呈现——尤其应该就知觉基础上建立的范畴表达方面来看待这一学说。胡塞尔在《逻辑研究》第六部分提出的范畴呈现

217 的学说，对于海德格尔表述存在问题而言是至关重要的。

同样，胡塞尔通过意向性学说还能够指出，我们实际上意向那些缺席的事物。实际情况并非如此：我们始终只是和直接在场的事物打交道；在指涉缺席事物的时候，我们实际上正在谈论我们所拥有的关于该事物的意象或概念。相反，人的思维是这样的：它超越在场者，并且意向缺席者；缺席的事物就这样被给予我们。此外，存在着不同种类的缺席，对应着我们的意向性可能采取的不同种类的空虚意向：我们所知觉到的事物的另一面之缺席、唯有通过语词来意指的事物之缺席、被回忆的事物之缺席、只被描绘的事物之缺席、与去世的人们的缺席不同的在远方的人们的缺席，还有过去和未来之缺席、神圣事物之缺席。胡塞尔描述的另一种重要的缺席就是模糊，在模糊状态，事物虽然被给予我们，然而只是朦胧地不分明地被给予，需要进一步的联结和把握。我相信，这个关于缺席的主题是一个刺激因素，它启发海德格尔提出与真理有关的去蔽概念。

海德格尔看到了胡塞尔对意向性的发现所蕴含的哲学上的可能性，并且彻底地开发了这些可能性。胡塞尔开启的可能性也给其他的哲学家留下了深刻的印象。例如，慕尼黑和哥廷根学派的成员欣然拥有由于胡塞尔的发现而使之可能的"实在论"。然而，他们中间没有一个人拥有海德格尔的深刻性、原创性以及哲学活力，也没有他的宗教音调所散发的诱人魅力。

我还想提到海德格尔与胡塞尔的另一个差别。胡塞尔极少利用哲学史。虽然他确实对哲学史进行了一些临时性的考察，他利用了笛卡尔、伽利略、洛克、休谟和康德的思想，但是他关于这些作者的知识显然是有限的。他对这些哲学家提出了一些尖锐的评论，而且通常深入到他们的哲学问题的核心之处，可是他对他们的作品却所知甚少，仅限于简化的、教科书上的知识。另一方面，胡塞尔为哲学分析提供的内容却丰富而广泛。他开启的议题包括语言的结构、知觉、各种形式的时间、记忆、预期、有生命的事物、数学、数、因果关系等。他提出许多存在领域来作为分析的主题。因此，胡塞尔在论述哲学家的时候是过于简化的，但在论述思辨话题的时候却是丰富的。 ₂₁₈

海德格尔则与此相反。他似乎只关心一个问题，即存在及其含义问题。的确，他在《存在与时间》中引入了一系列可以被认为是"区域性的"问题，诸如工具性、言说和死亡，但是所有这些问题都从属于一个问题，即存在问题。他并没有展开我们面临的各种区域性的任务以及应该得到分析的各种领域；在哲学上他是一位偏执狂，总是走在通往第一原理的途中。胡塞尔则不是这样，他不但朝向第一原理前进，而且还花费大量时间离开它们，在我们经验到的种种事物之中把这些原理具体化。就内容方面而言，胡塞尔似乎是丰富多彩的，海德格尔却显得过于简化了。

不过，就其涉及的哲学家来看，海德格尔的论述肯定是非常丰富多样的。他以大量的细节和深奥的解释讨论了前苏格拉底时代的哲学家、柏拉图、亚里士多德、中世纪的思想家、莱布尼茨、康德、黑格尔、克尔凯郭尔和尼采，还讨论了荷尔德林、里尔克等几位诗人，还有宗教思想家，比如安杰勒斯·西勒修斯（Angelus Silesius）和路德。不过，对于这些作家的考察都与存在问题如何在他们那里出现有关。另外我还想指出，在过去一百年的丰富多彩的时期，对于采取新的途径来理解古希腊哲学，对于解释前苏格拉底哲学家、柏拉图、亚里士多德的思想而言，海德格尔都产生了重要影响，尤其是在德国和法国。

在结束我们对于现象学的德国阶段的概览之前，还必须提到马克斯·舍勒。舍勒不像胡塞尔或海德格尔那样可以在现象学运动中得到清楚的定位；他是一位独立的思想家，有时候对现象学的主题做出一些发展和评论，有时候也批判现象学，从而使自己与这种形式的哲学保持距离。他关注很多具体的、特定的问题，尤其是人的问题，比如宗教、同情、爱、恨、情绪和道德价值等，而且他对这些问题都进行了详细的分析，这使他显得像是一位现象学家。他与现象学的边缘联系有助于这场运动的普及，但是他也不受约束地游离于现象学之外。在度过动荡不安而又富有戏剧性的一生之后，舍勒于 1928 年去世，享年 54 岁。

如果说 20 世纪 30 年代的政治与历史事件对现象学运动造成了侵害，这还是有些轻描淡写了。随着纳粹的上台，海德格尔卷入纳粹党，并于 1933 年担任弗莱堡大学的校长，言行举止也相应变化。与之相反，胡塞尔在 1938 年去世之前曾经遭受许多侮辱和危险。在欧洲国家之间发生的事件导致了德国和欧陆哲学与英美世界的深刻分离。

就在大战爆发前夕，卢汶的圣方济各会修士赫尔曼·莱奥·梵·布雷达来到弗莱堡研究现象学，并且鉴于当时的形势，开始着手拯救胡塞尔的手稿和藏书。1938 年秋天，这些手稿和藏书被运到卢汶，当时距胡塞尔去世大约有六个月。梵·布雷达还营救和保护了胡塞尔的遗孀马尔维娜，让她在战争期间避难于卢汶的一个修道院。"二战"结束后，胡塞尔文库在卢汶大学建立。这个文库成为编辑出版胡塞尔的作品以及研究胡塞尔思想的一个重要的国际中心。后来，科隆、弗莱堡、巴黎和纽约都建立了附属的档案馆。

现象学在法国

继德国之后，当然是现象学的法国分支对于现象学运动具有最为重要的意义。E. 列维纳斯曾经在1920年代跟随胡塞尔和海德格尔学习现象学，他的博士论文研究胡塞尔思想中的直观概念（1930年出版），后来他还与人合作翻译了胡塞尔的《笛卡尔式的沉思》（1931年出版）。

让-保罗·萨特（1905—1980）有两年时间（1933—1935年）在柏林和弗莱堡研究现象学。他的早期思想深受胡塞尔的影响，但是后来转变成一种存在主义的人本主义。事实上，萨特的许多早期作品都是非常出色的现象学分析，它们发展了胡塞尔提出的一些重要主题。我要特别提到《想象》（1936年）、《自我的超越性》（1936年）、《情绪理论纲要》（1939年）、《想象物》（1940年）和《存在与虚无》（1943年）。阅读这些作品的时候会让人感到惊讶的是，萨特非常出色地把握了意向性概念及其哲学潜能，而且非常有效地把缺席作为一个哲学主题来使用，这两个出色之处表现在他对于各种人类经验的描述以及对于自我的分析方面。事实上，萨特对胡塞尔的重视非常有助于胡塞尔的思想在战后获得更为广泛的了解和兴趣。

特别值得一提的是，萨特出色地描述了我们实际上如何知觉或经验非存在，即事物的缺席；他的描述表明，否定并不仅仅是我们的判断所具有的特征，而且在先于判断的直观经验中被给予。萨特描述了各种情绪的转化性力量以及想象的活跃运动和投射，这些方

220

面都补充了胡塞尔本人的描述。举例来说，萨特认为想象是"复活的知觉"，并且详细地描述了前反思的意识。他也强调行动的自我，表明了下述两种可能性之间的区别：一种是抽象的可能性，另一种则是对于当事人来说的属于他自己的可能性，如果没有他在某个境遇之中的亲自在场的话，这种可能性也就不会发生。萨特还描述了事实性与超越性的差别，而且对决定论做出了值得注意的分析，该分析认为决定论是一种逃避，即逃避自由带来的焦虑。他的作品风格流畅，引人入胜。

然而，萨特有意识地将现象学主题融合到他自己的存在主义的人本主义哲学筹划之中，这一筹划还包括其他来源的元素，尤其是笛卡尔、黑格尔和马克思。在《存在与虚无》一书中，萨特甚至批评胡塞尔有一种哲学上的怯懦；他认为胡塞尔把自己局限于中立的分析，而且规避生存论的和存在论的承诺（"他胆怯地停留在功能描述的层次"）。顺便说一句，我认为，萨特有几个地方曲解了胡塞尔的意向对象概念和显象的本性，比如他宣称意向对象就像是斯多葛学派的"表达的意义"（lecton），还宣称胡塞尔仍然是现象论者而不是现象学家，总是在康德主义观念论的边缘上摇摆不定。

221 萨特在"自在"与"自为"之间的根本对比忽略了应该受到重视的诸多居间的差别，比如在动物的觉察之中出现的差别。特别是谈到奠基在人的意识之中的虚无即非存在（le néant）现象的时候，他过于强调差异和他异性（otherness），以至于忽视了总是伴随着这些否定而来的同一性所具有的诸多元素。他把"几微"（le rien）描述成使得自我在意识中与它自己相异化的东西，这预示了德里达在后来引入的"延异"（différance）和"踪迹"。但是，这两位法国思想家似乎都忽视了胡塞尔会在这些现象中辨识出来的相应的相同性（sameness）和同一性。萨特把现象学运用到一种分析性的、而且还是劝诫性的哲学当中，运用到一种戏剧般激动人心的人本主义当中，这种修辞性写作往往会强调事物的某些方面以至忽视其他方面。

莫里斯·梅洛-庞蒂（1908—1961）的思想发展比萨特晚几年。梅洛-庞蒂没有在德国学习过，但是他在1930年代对现象学和格式塔心理学的理解得益于阿隆·古尔维奇。古尔维奇逃离德国之后在巴黎教了一阵子书，后来到了美国，成为20世纪六七十年代在"社会研究新学院"代表现象学的重要人物。梅洛-庞蒂最初的重要作品（可能也是影响力最持久的作品）是《行为的结构》（1942年）和《知觉现象学》（1945年）。这两部作品都是对实证主义心理学的批判。梅洛-庞蒂强调前反思、前述谓、知觉、时间性、被体验的身体（the lived body）以及生活世界。他的描述丰富而复杂，与萨特的研究不相上下，也是重要的现象学成果。梅洛-庞蒂主要借助胡塞尔后期的作品，并且利用了胡塞尔文库未经编辑的资料。也许是因为他对实证主义科学的批判，但是也因为他的研究极其出色，所以在20世纪五六十年代，梅洛-庞蒂对美国学界的影响很大。许多人觉得他的作品比胡塞尔本人的那些严格的、几乎是数学化的作品更容易理解。

在现象学运动的法国分支中，还应该提到保罗·利科。他翻译了胡塞尔的《观念I》，并且对胡塞尔的思想做出了广泛的评论，还对人类自由、宗教、象征、神话和精神分析进行了独立的哲学分析。有趣的是，他在《有意的和无意的》一书中对人类自由的研究，深受慕尼黑现象学家亚历山大·普凡德尔的影响。222

现象学在其他国家

现象学的德国之根和法国分支当然是这场运动的主要部分，但是其他重要部分则出现在别的国家。在美国，威廉·欧内斯特·霍金曾经在1902年跟随胡塞尔学习过一个学期，道里昂·凯恩斯在20世纪二十年代末三十年代初也跟随胡塞尔学习过。1933年，凯恩斯在哈佛撰写过一篇关于胡塞尔的论文，并成为胡塞尔作品的一流翻译者。马文·法伯于1928年在布法罗大学撰写了一篇有关胡塞尔的博士论文，后来著书阐述他的思想，并创办了《哲学与现象学研究》杂志，但是他自己更像是一位自然主义的哲学家而非现象学家。现象学在美国产生全面影响的时间是20世纪五六十年代，当时它成为美国的重要哲学流派之一，尽管在其他本土哲学流派和英国哲学流派面前有点儿相形见绌。在北美的哲学世界，与各种风格的分析哲学相比较而言，现象学保持着稳定的但是相对较小的规模。许多大学一直都有重要的现象学中心，一些学会和刊物也都建立了起来。最早的现象学中心是在社会研究新学院的研究生院成立的，当时是20世纪五十年代，凯恩斯、古尔维奇和阿尔弗雷德·许茨都在此任教。

现象学从来没有在英国获得过非常显著的地位，尽管通过曼彻斯特的沃尔夫·梅思及其学生巴里·史密斯（Barry Smith）、凯文·马里甘（Kevin Mulligan）和彼得·西蒙（Peter Simons）等人的努力，大约在20年前就形成了一个颇有活力的学者群体，其宗旨是研究早期的现象学，并探讨它与分析哲学的起源——主要是指20世纪初期的戈特罗布·弗雷格和其他的奥地利思想家——之间的关系。

与英国的发展相仿，在美国也有按照弗雷格的思想和分析哲学的精神来解释胡塞尔的倾向。这种倾向主要集中在加利福尼亚，代表人物有达格芬·弗勒斯达尔（Dagfinn Føllesdal）、休伯特·德莱弗斯（Hubert Dreyfus）、罗纳德·麦金太尔（Ronald McIntyre）和大卫·伍德鲁夫·史密斯（David Woodruff Smith）等人。他们主要依据的是胡塞尔早期的作品。这种关于胡塞尔的"西岸"理解也有它的对立面，即"东岸"解释，主要集中在波士顿-华盛顿走廊一带，它主要以胡塞尔后期的哲学和逻辑学著作为取向，没有把弗雷格和分析哲学作为它的出发点。它按照胡塞尔的思想来理解弗雷格，而不是相反。其代表人物主要有约翰·布鲁、理查德·科布-史蒂文斯、约翰·德鲁蒙德、詹姆斯·哈特、罗伯特·索科拉夫斯基。我们这本书就是按照这种精神撰写的。这两个"学派"的分歧主要表现在它们对意向对象、意义和现象学还原的理解方面。它们的基本理论分歧在于，西岸学者把意义和意向对象等同起来，并且把它们设定成心灵和世界之间的中介，而东岸学者则区分开意义和意向对象，认为它们是对于被意向的对象的两种不同的反思所产生的结果；他们并不把意义和意向对象设定成心灵与世界的意向性关系的中介。J.N. 莫汉蒂则提出了自己对胡塞尔和弗雷格的独立解释，而且把现象学与古代印度哲学联系起来。

在西班牙，约瑟·奥尔特加·伊·伽塞特阐述了胡塞尔和海德格尔的思想，同时也对他们提出了批判；另外还应该提到朱比利（Xavier Zubiri），他也是和现象学有着密切关系的哲学家。在意大利的米兰，安东尼奥·班菲（Antonio Banfi）在两次世界大战之间推动了现象学和存在主义的发展，而第二次世界大战之后的代表人物则是恩佐·帕西（Enzo Paci）。此外还有索菲亚·瓦尼·罗维依（Sofia Vanni Rovighi），他把胡塞尔的思想与亚里士多德和阿奎那的一些主题联系在一起。另外还应该提到尼古拉·阿巴尼亚诺（Nicola Abbagnano）的存在主义。在波兰，罗曼·茵加登在1912—1918 年跟随胡塞尔从事研究，后来与胡塞尔一直保持着紧密的联系。茵加登开创了现象学运动的一个分支，著有论述美学、伦理和形而上学的几部重要的现象学著作。他在 1930 年代曾经任教于里沃夫（Lwów），战后执教于克拉科夫（Cracow）。茵加登开创的这个传统后来对卡罗尔·沃依提拉的著作和卢布林学派的托马斯主义产生了部分影响，并由此得以延续。在捷克斯洛伐克，胡塞尔的学生兼朋友雅恩·帕托契卡是现象学在布拉格的重要代表，在 1977 年遭到警察审讯后去世。现象学在革命前的俄国产生过影响。《逻辑研究》在 1909 年就被翻译成俄文，并通过罗曼·雅科布森（Roman Jakobson）的工作间接地影响了结构主义和形式主义文学理论。雅科布森经常提到胡塞尔关于部分与整体的理论，认为这是一个重要的哲学学说。古斯塔夫·施贝特（Gustav Shpet）是当时现象学在俄国的一位代表人物，然而，第一次世界大战阻止了这些开端的进一步发展。目前俄国学者们正在积极努力把胡塞尔的作品翻译成俄文。

诠释学与解构

经过对现象学主干时期之后的发展所做的这一番地理学考查，我们现在可以简要地论述一下现象学的两个变异形式，即诠释学和解构。这两个变异形式都是紧接着现象学之后出现的，并且在某种程度上处于现象学的边缘。

作为一种特定的德国思潮，诠释学是由弗里德里希·施莱尔马赫（Friedrich Schleiermacher，1768—1834）尤其是威廉·狄尔泰（Wilhelm Dilthey，1833—1911）所开创的。狄尔泰是胡塞尔的同时代人，但比胡塞尔年长。诠释学最初的研究重点放在对于过去文本的阅读和诠释所具有的结构方面，它把自己的研究工作描绘成一种关于圣经和文学诠释以及历史研究的哲学。海德格尔把诠释学概念从文本和文献研究扩展到人类生存本身的自我诠释。与诠释学联系在一起的主要人物当然是汉斯-格奥尔格·伽达默尔，他不但是海德格尔的学生，也是诠释柏拉图、亚里士多德以及诗歌作品的一位学识渊博的专家。他还是现象学运动的活见证，是这场运动的重要人物与事件的独立见证人，凭借这一身份，他能够并且已经把现象学馈赠给其他的国家和年轻的几代人；他为人谦和，他的讲座生动活泼，这些都有助于他在全世界建立广泛的学术接触。伽达默尔在马堡大学受过海德格尔的指导并深受其影响，虽然他也在弗莱堡大学跟随胡塞尔从事过一段研究，但是受到胡塞尔的影响较小。胡塞尔的有些概念对诠释学有所帮助——比如理想意义、积淀和语言等概念——但是这些概念在伽达默尔的思想中只是扮演了相对较小的角色。令人遗憾的是，诠释学经常被当作通向相对主义的许可证，这种理解一定会遭到伽达默尔的驳斥。一个文本可以有多种解 225 释，这个事实并没有摧毁文本的同一性，也没有排除那些错误的或者完全不对路的阅读，即使它们会破坏这个文本。

　　在对现象学运动进行概览的时候，也应该提到解构，尽管会有些尴尬，就像一个家庭被迫谈起家里的一位离经叛道的叔叔，他的古怪行为尽人皆知，但是上流社会都忌讳提到他。德里达最早的著作是翻译和诠释（自然是非常有问题的诠释）胡塞尔的几部简短作品，但是他很快就丢掉胡塞尔，跑到更广泛的哲学领域里去了。对解构影响更大的人物有黑格尔、海德格尔、萨特和雅克·拉康，在某种更为深刻的意义上还有尼采和弗洛伊德。我还是要宣称，胡塞尔对缺席和差异的分析比德里达所认可的更要微妙得多，这一分析承认这些现象，但是并没有陷入解构的极端。苏格兰文学理论家阿拉斯戴尔·福勒（Alastair Fowler）曾经在一次讲座上对解构进行了评论，这是我听到过的最恰当的评论之一。福勒认为，如果适度利用的话，解构可以给传统的文学理论带来可喜的修正，因为传统的文学理论可能已经变得有些过于整齐、过于理性主义了，但是在美国，解构却被一种政治意识形态所同化，因此它的发展大大超过了正常的比例。

结　语

　　作为哲学中的主要传统之一，现象学仍然以一种不是那么壮观的方式继续前进。它的主要著作依然会被当作经典来阅读，时间会告诉我们这些星辰将会升得有多高。20 世纪上半叶的思想家们肯定会在思想史上占有一席之地，他们的作品也会像过去时代的优秀作品那样启发人类的哲学思维。作为一场思想运动，现象学的力量在这样的事实上获得明证：它不仅让我们看到了一些著名的卓越人物，还让我们看到了为数众多的不太著名的哲学家，他们在现象学的方方面面充实了哲学的可能性。

　　此外，属于这个传统的大量学术作品仍然在不断出现，诸如文本的编纂（卢汶和科隆是两个重要的中心），对于主要作品和思想家的评注，以及关于各种术语和概念的争论。虽然胡塞尔遗作的编纂工作快要到了可能会让人说"够了"的地步，但是还有一些重要的材料尚待出版，比如他后期论述内在时间意识的手稿。已经编辑出版的海德格尔的讲座课程，不仅使我们非常清晰地了解到他的思想发展，而且还为我们提供了很多富有哲学价值的文献。

　　现象学运动的一大缺陷就是它彻底缺乏任何政治哲学。这显然是一个需要补充的领域。的确，有人可能会说，缺乏政治的敏锐并不仅仅是一种思辨上的缺陷，这在海德格尔的案例中还是一场实践上的灾难。曾经在"社会研究新学院"执教的阿尔弗雷德·许茨（1899—1959）对胡塞尔的思想有过部分评论，而且，他还深受韦伯和舍勒的影响，在社会哲学和人本主义社会学方面取得了重要的成果，尽管如此，许茨实际上也没有发展出一门政治哲学。

　　另外，我还认为，现象学既定的术语构成了现象学运动的一个障碍。诸如"意向活动""意向对象""还原""生活世界"，以及"先验自我"等语词，都趋于变得僵化，容易招致诸多人为的问题。有些事情本来应该属于存在的一个方面和哲学活动的一个方面，却被这些术语实体化了。"现象学"这个名称本身就容易让人误解，也不够灵活。这些术语被拙劣地翻译成英文，显得有些华而不实；用英语写作的现象学家们应该学学约翰·芬得莱（John Findlay）、迈克尔·奥克肖特和吉尔伯特·赖尔（Gilbert Ryle）。

　　现象学还有许多重要的理论资源没有被开发利用，可以说，还有蕴含丰富的矿藏尚待开采。胡塞尔完成了现代思想中的一个决定性突破；他向我们表明，有可能避免笛卡尔和洛克的意识概念，即把意识看作一个封闭的空间；他使人们重新理解到心灵是公开的，是面向事物的。他开辟了通向哲学实在论和存在论的道路，使它们能够取代知识论的首要地位。但是，胡塞尔思想的这些积极的可能性还没有得到重视，因为笛卡尔的掌握——"笛卡尔的死手"——还紧紧控制着许多哲学家和学者。人们按照胡塞尔所拒绝的立场来重新解释他的一切思想，这种情况实在是太常见了。观念的途径，227
有关孤立意识的观念，仍然束缚着我们中间的许多人，而且一旦这种思维方式变得根深蒂固，一旦人们习惯于某一套问题和推理方式，这时候再想让他们摆脱这种思维方式，如果不是不可能的话，恐怕也是非常困难的。不过，现象学的丰富思想仍然为那些想要得到它的人们保留着。现象学运动，连同它在胡塞尔那里的起源，它在过去一百年里的丰富历史，都为本真的哲学生活提供了大量的资源。

选读书目

Bernet, Rudolf, Iso Kern, and Eduard Marbach. *An Introduction to Husserlian Phenomenology*. Evanston, IL: Northwestern University Press, 1993.

鲁道夫·伯奈特、耿宁和爱德华·马尔巴赫：《胡塞尔现象学导论》，埃文斯通，伊利诺伊：西北大学出版社，1993 年。这几位作者都是著名的瑞士学者，他们于 1960 年代曾经在卢汶大学从事过研究，每位作者都编辑过胡塞尔的著作，发表过多部现象学著作。鲁道夫·伯奈特现在是卢汶胡塞尔文库主任。

Brough, John Barnett. "Translator's Introduction." In Edmund Husserl, *On the Phenomenology of the Consciousness of Internal Time* (1893-1917), trans. John Barnett Brough. Dordrecht: Kluwer, 1991, pp. xi-lvii.

约翰·巴奈特·布鲁："译者导言"，见埃德蒙德·胡塞尔：《论内在时间意识现象学（1893—1917）》，J. B. 布鲁译，多德雷赫特：克鲁维尔出版社，1991 年，第 xi-lvii 页。在这篇导言和其他几篇论文中，布鲁提供了英语世界中对于现象学的时间性学说的最为清晰的论述。

Cobb-Stevens, Richard. *Husserl and Analytic Philosophy*. Dordrecht: Kluwer, 1984.

理查德·科布-史蒂文斯：《胡塞尔和分析哲学》，多德雷赫特：克鲁维尔出版社，1984 年。很多作者都撰写了大量著作来比较现象学和分析思想，这一部是最为成功的研究著作之一。它主要研究了胡塞尔和弗雷格之间的差异，但是也表明了胡塞尔如何解决笛卡尔以来在哲学中占据支配地位的哲学问题。该著作强调了范畴直观的作用。

Dillon, Martin C. *Merleau-Ponty's Ontology*. Bloomington：Indiana University
　　Press, 1988.

马丁・C. 狄龙：《梅洛-庞蒂的存在论》，布卢明顿：印第安纳大学出版社，
　　1988 年。

Dreyfus, Hubert L., ed. *Husserl, Intentionality, and Cognitive Science*.
　　Cambridge, MA：MIT, 1982.

L. 休伯特・德莱弗斯（编）：《胡塞尔、意向性和认知科学》，剑桥，麻省：
　　麻省理工学院出版社，1982 年。这本文集收入了达格芬・弗勒斯达尔
　　的几篇重要论文，也包括德莱弗斯、J. N. 莫汉蒂、约翰・塞尔（John
　　Searle）和大卫・伍德鲁夫・史密斯（David Woodruff Smith）的论文，
　　主要涉及意向性与认知科学。

Drummond, John J. *Husserlian Intentionality and Non-Foundational Realism,
　　Noema and Object*. Dordrecht：Kluwer, 1990.

约翰・J. 德鲁蒙德：《胡塞尔的意向性和非基础的实在论：意向对象与
　　对象》，多德雷赫特：克鲁维尔出版社，1990 年。这部著作彻底而
　　系统地评价了关于胡塞尔的弗雷格式的解释。它提出了"东岸"对
　　于"西岸"形式的现象学的批判，尤其涉及意向对象、意义和还原
　　等论题。

Elveton, R.O., ed. and trans. *The Phenomenology of Husserl, Selected Critical
　　Readings*. Chicago：Quadrangle, 1970.

R. O. 艾尔维顿（编译）：《胡塞尔的现象学：批判读本精选》，芝加哥：方
　　庭出版社，1970 年。收有六篇写于 1930—1962 年间的经典论文。其
　　中特别重要的有欧根・芬克的文章《埃德蒙德・胡塞尔的现象学哲
　　学 及 其 当 代 批 评》（"The Phenomenological Philosophy of Edmund
　　Husserl and Contemporary Criticism"），第 73—147 页。瓦尔特・比梅
　　尔（Walter Biemel）的文章《胡塞尔哲学发展中的几个决定性阶段》

（"The Decisive Phases in the Development of Husserl's Philosophy"），
第 148—173 页。

Embree. Lester et al. eds. *Encyclopedia of Phenomenology*. Boston：Kluwer，
1997.

雷斯特·恩布里（等编著）:《现象学百科全书》，波士顿：克鲁维尔出版
社，1997 年。这部百科全书中的论文讲述了现象学的主要概念、现象
学在各个国家的发展、主要的现象学家，以及发生争论的重要的新领
域，诸如语言、人工智能、认知科学和生态学。这部百科全书编排合
理，其中的文章都是由知名学者所撰写。多年以后它仍然可能是现象
学研究的最权威的参考书。

Gadamer, Hans-Georg. "The Phenomenological Movement." In his
Philosophical Hermeneutics. ed. and trans. David E. Linge. Berkeley：
University of California Press, 1976. pp. 130-81.

汉斯-格奥尔格·伽达默尔：文章《现象学运动》，收入他的《哲学诠释
学》，大卫·E. 林奇编译，伯克利：加利福尼亚大学出版社，1976
年，第 130—181 页。伽达默尔在这篇短文中以他个人的看法回顾了现
象学史的主要论题。

Guignon, Charles. ed. *The Cambridge Companion to Heidegger*. Cambridge：
Cambridge University Press, 1993.

查尔斯·奎农（编）:《剑桥海德格尔指南》，剑桥：剑桥大学出版社，1993
年。"剑桥指南"系列丛书辑录了论述特定哲学家的最新论文，每辑大
约包括十篇论文。每卷指南都有编者撰写的导论，介绍该卷涉及的哲
学家的思想，而且提供了详尽的书目。

Hammond, Michael, Jane Howorth, and Russell Keat. *Understanding
Phenomenology*. Oxford：Blackwell Publisher, 1991.

迈克尔·哈蒙德，简·豪沃兹和罗素·基特：《理解现象学》，牛津：布莱克维尔出版社，1991 年。

Howells, Christina. ed. *The Cambridge Companion to Sartre*. Cambridge：Cambridge University Press, 1992.

克里斯蒂娜·豪威尔斯（编）：《剑桥萨特指南》，剑桥：剑桥大学出版社，1992 年。

Kisiel, Theodore. *The Genesis of Heidergger's "Being and Time."* Berkeley：University of California Press, 1993.

西奥多·基塞尔：《海德格尔的〈存在与时间〉的生成》，伯克利：加利福尼亚大学出版社，1993 年。这部著作详细描绘了对于形成海德格尔出版的第一部主要著作以及他的整个哲学都有影响的历史环境、个人兴趣和思想发展。

Kockelmans, Joseph J. *Edmund Husserl's Phenomenology*. West Lafayette, IN：Purdue University Press, 1994.

约瑟夫·J. 科克尔曼斯：《埃德蒙德·胡塞尔的现象学》，西拉法耶特，印第安纳：普渡大学出版社，1994 年。

Langiulli, Nino, ed. *European Existentialism*. New Brunswick, NJ：Transaction, 1997.

尼诺·朗丘里（编）：《欧洲存在主义》，新布伦瑞克，新泽西：交流出版社，1997 年。这本书在 1971 年的第一版标题是《存在主义传统》，现在的版本是第三版。它是一部文选，原作者包括克尔凯郭尔和加缪。除了存在主义传统的主要作家之外，还收有奥尔特加·伊·伽塞特、阿巴尼亚诺、布伯（Buber）和马塞尔（Marcle）的作品。这部文选很有价值而且与众不同，各位学者撰写的导论也都很有用。

MacQuarrie, John. *Existentialism*. Baltimore：Penguin, 1962.

约翰·麦奎利：《存在主义》，巴尔的摩：企鹅出版社，1962 年。

Madison, Gary Brent. *The Phenomenology of Merleau-Ponty*. Athens：Ohio
University Press, 1973.

加里·布伦特·麦迪逊：《梅洛-庞蒂的现象学》，雅典：俄亥俄大学出版社，
1973 年。

Manser, Anthony. *Sartre: A Philosophical Study*. Oxford：Oxford University
Press, 1966.

安东尼·曼塞尔：《萨特哲学研究》，牛津：牛津大学出版社，1966 年。

McIntyre, Ronald, and David Woodruff Smith. *Husserl and Intentionality, A
Study of Mind, Meaning, and Language*, Boston：Reidel, 1982.

罗纳德·麦金泰尔和大卫·伍德鲁夫·史密斯：《胡塞尔与意向性：对心
灵、意义和语言的研究》，波士顿：里德尔出版社，1982 年。这是一项
从弗雷格和分析哲学观点对胡塞尔的哲学做出的最全面的研究。

McKenna, William R., and J. Claude Evans, eds. *Derrida and Phenomenology*.
Dordrecht：Kluwer, 1995.

R. 威廉·麦肯纳和 J. 克劳德·埃文斯（编）：《德里达与现象学》，多德雷
赫特：克鲁维尔出版社，1995 年。这部著作研究了现象学与解构之间
的关系。

Mohanty, J. N. *Transcendental Phenomenology: An Analytic Account*. New
York：Blackwell Publisher, 1989.

J. N. 莫汉蒂：《先验现象学：一个分析的说明》，纽约：布莱克维尔出版社，
1989 年。莫汉蒂著有多部著作，涉及现象学、语言哲学和印度哲学。
这部著作用分析哲学家熟悉的范畴和议题描述了先验现象学的性质。

Mohanty, J. N., and Richard McKenna, eds. *Husserl's Phenomenology: A Textbook*. Lanham, MD: University Press of America, 1989.

J. N. 莫汉蒂和理查德·麦肯纳（编）:《胡塞尔现象学教材》，兰海姆，马里兰：美国大学出版社，1989年。收入该书的论文介绍了胡塞尔思想的各个方面。

Natanson, Maurice. *Edmund Husserl: Philosopher of Infinite Tasks*. Evanston, IL: Northwestern University Press, 1974.

毛里斯·纳坦逊:《埃德蒙德·胡塞尔：承担无限任务的哲学家》，埃文斯通，伊利诺伊：西北大学出版社，1974年。该著曾经荣获1974年美国图书奖。它对胡塞尔的思想做出了清晰而丰富多彩的展示。

Ott, Hugo. *Martin Heidegger:A Political Life,* trans. Allan Blunden. New York: Basic Books, 1993.

雨果·奥托:《马丁·海德格尔：政治生活传记》，阿兰·布伦登译，纽约：基础读物出版社，1993年。这部传记的作者是弗莱堡大学历史学教授。该传记准确而冷静地描绘了海德格尔的生平，记叙了海德格尔曾经卷入的政治纷争。

Pöggeler, Otto. *Martin Heidegger's Path of Thinking*, trans. Daniel Magurshak and Sigmund Barner. Atlantic Highlands, NJ: Humanities, 1987.

奥托·波格勒:《马丁·海德格尔的思想之路》，丹尼尔·马戛尔夏克和西格蒙德·巴尔内译。大西洋高地，新泽西：人文科学出版社，1987年。这是一位最有权威的海德格尔解释者对于海德格尔思想的介绍。

Sepp, Hans Reiner, ed. *Edmund Husserl und die phänomenologische Bewegung. Zeugnisse in Text und Bild*. Freiburg: Karl Alber, 1988.

汉斯·莱纳·塞普（编）:《埃德蒙德·胡塞尔和现象学运动：文本和图片中的见证》，弗莱堡：卡尔·阿尔贝出版社，1988年。这部著作是配合胡塞尔文库建立50周年纪念展而编定的目录。它包括许多人物和场所的图片，与胡塞尔及其生活有关的文献图片，与其他人物和现象学的发展有关的文献图片。其中收有伽达默尔、列维纳斯、施皮格伯格等人撰写的回忆录，五篇有关现象学运动的论文，与这场运动有联系的大约九十位人物的生平小传，一份反映现象学运动从 1858 至 1928 年发展状况的历史时间表（平行排列了现象学运动中的事件），现象学主要著作及其译本的书目，以及精选的二手资料书目。

Smith, Barry, and David Woodruff Smith, eds. *The Cambridge Companion to Husserl*. Cambridge: Cambridge University Press, 1995.

巴里·史密斯和大卫·伍德鲁夫·史密斯（编）：《剑桥胡塞尔指南》，剑桥：剑桥大学出版社，1995 年。这卷"剑桥指南"收录了英美胡塞尔研究的重要专家撰写的论文。导言部分概述了胡塞尔的哲学，简要地介绍了关于胡塞尔思想的各种解释。论文的内容涵盖了胡塞尔的哲学发展、现象学的视角、语言、知识、知觉、观念论、身心问题、常识、数学和部分-整体逻辑。

Sokolowski, Robert. *Husserlian Meditations: How Words Present Things*. Evanston, IL: Northwestern University Press, 1974.

罗伯特·索科拉夫斯基：《胡塞尔式的沉思：语词如何呈现事物》，埃文斯通，伊利诺伊：西北大学出版社，1974 年。这部著作研究了胡塞尔思想的主要概念，并涉及斯特劳森（Strawson）和奥斯汀（Austin）等哲学家的思想。

Pictures, Quotations, and Distinctions: Fourteen Essays in Phenomenology. Notre Dame, IN: University of Notre Dame Press, 1992.

《图像、引述和区分：十四篇现象学论文》，圣母院，伊利诺伊：圣母大学出版社，1992 年。这部文集收录的论文描述了诸如图像行为、引述、区分、测量、指称、时间性和道德行为等现象。它们试图以哲学的方式来澄清人类境况的主要组成部分。

Spiegelberg, Herbert. *The Phenomenological Movement*. Third, revised and enlarged, edition, with Karl Schuhman.

赫伯特·施皮格伯格：《现象学运动》，第三版，修订和扩充版。海牙：尼伊霍夫，1982 年。这是一部经典的现象学史著作。第一和第二版（两卷本）由赫伯特·施皮格伯格撰写；第三版（一卷本）由卡尔·舒曼（Karl Schuhman）协助撰写。这部著作详尽叙述了现象学在各个国家的发展，甚至涵盖了许多次要的人物。

Ströker, Elisabeth. *Husserl's Transcendental Phenomenology*, trans. Lee Hardy. Stanford: Stanford University Press, 1993.

伊丽莎白·施托雷克：《胡塞尔的先验现象学》，李·哈迪译，斯坦福：斯坦福大学出版社，1993 年。施托雷克曾经多年担任科隆胡塞尔文库主任。她不仅是现象学专家，而且还专门研究科学哲学。

Warnke, Georgia. *Gadamer: Hermeneutics, Tradition, and Reason*. Stanford: Stanford University Press, 1987.

乔治娅·沃恩克：《伽达默尔：诠释学、传统和理性》，斯坦福：斯坦福大学出版社，1987 年。

Willard, Dallas. *Logic and the Objectivity of Knowledge*. Athens: University of Ohio Press, 1984.

达拉斯·威拉德：《逻辑与知识的客观性》，雅典：俄亥俄大学出版社，1984 年。这部著作清晰正确地展示了胡塞尔早期的思想，并且透彻地研究了《逻辑研究》中的重要主题。

索　引

brain，大脑

　　and egocentric predicament，大脑与自我中心困境 9—10

　　and intentionality，大脑与意向性 25

　　and memory，大脑与记忆 68—69

　　and ego，大脑与自我 / 本我 113

　　and internal time consciousness，大脑与内在时间意识 144—145

　　and political life，大脑与政治生活 205

Brentano，Franz，弗朗茨·布伦塔诺 206，211，213

bricolage，拼凑起来的东西 4

Cairns，Dorion，道里昂·凯恩斯 222

categorial intuition，范畴直观

　　described，对于范畴直观的描述 90，96

　　as confirming a claim，范畴直观确证某个宣称 97

categorial objects，范畴对象

　　as discrete identities，范畴对象作为离散的同一性 91—92，110

　　as communicable，范畴对象作为可交流的，92，102—103

　　as in the world，范畴对象作为在世界之中的 95—96

　　as usually absent，范畴对象作为通常缺席的 96—97

　　and falsehood and contradiction，范畴对象与虚假和矛盾 103

categoriality，范畴性

　　and intelligible objects，范畴性与可理解的对象 5

　　etymology of the term，范畴性这个词项的词源 88

　　arising in three stages，范畴性出现在三个阶段上 89—90

　　and language，范畴性与语言 91，103

　　as discrete，范畴性作为离散的 91—92，110

　　as humanizing perception，范畴性使知觉人性化 94，111

　　and logic，范畴性与逻辑 103—104

　　articulates the whole，范畴性联结整体 110

　　as sedimented，范畴性作为沉积物 166—167

译后记

　　本书作者索科拉夫斯基（Robert Sokolowski）教授祖籍波兰，在比利时卢汶大学获得博士学位，现任美国天主教大学哲学教授。他是英语世界的著名现象学家。《斯坦福哲学百科全书》的"现象学"和"胡塞尔"条目列举了有限的英文参考书籍，其中就包括他的几本著作：《现象学导论》（剑桥大学出版社 2000 年）、《胡塞尔构造观念的形成》（海牙，尼伊霍夫出版社 1970 年）、《胡塞尔与现象学传统》（华盛顿，1988 年）、《胡塞尔式的沉思：语言如何呈现事物》（西北大学出版社，1974 年）以及《胡塞尔逻辑研究的结构与内容》和《胡塞尔与弗雷格》。

　　《现象学导论》一书简洁明快，论理深入浅出，就如同索科拉夫斯基教授讲课的风格一样。追求思想的清晰性一直是哲学乃至现象学的最高境界，胡塞尔曾说过没有思维的明晰性，他就没法活下去；把哲学从黑格尔式的繁琐概念思辨返回到思维的自明呈现，原本是胡塞尔创立"直面事实本身"的现象学方法的主旨。就这一点而言，索科拉夫斯基教授恰恰是顺应了现象学的原初精义。索科拉夫斯基教授一直在天主教大学讲授胡塞尔的《逻辑研究》和《笛卡尔沉思》，对胡塞尔及现象学文本数十年的教学与研究，成为这部导论性著作的自然朴实风格的前提和基础。这本《导论》梳理和诠释了现象学的主题，诸如"意向性""形式结构""自我""时间性""生活世界""主体间性""本质直观"等，将纷繁复杂的现象

学思想系统地纳入到这些主题之中，思想深刻而又条理明晰。与另
一本从时间顺序分人物思想来介绍现象学的《现象学导论》（Moran
著）一起，是英语世界继施皮格伯格的《现象学运动》之后系统介
绍和诠释现象学理论的两部影响最大而又相互补充的现象学专著。
本书由剑桥大学出版社 2000 年出版之后，在哲学界引起普遍关注
和反响，对一般了解现象学的读者特别适合。现象学文献丰繁庞
杂，仅就胡塞尔而言，其两卷本《逻辑研究》，以及《观念 I》《形
式与先验的逻辑》《笛卡尔沉思》《欧洲科学的危机与先验现象学》
和大量的文稿，让一个非现象学专业的人难以下手，而且这些著作
中很难说哪一本可以像康德的《纯粹理性批判》、黑格尔的《小逻
辑》一样较集中地体现了作者的基本思想。加上繁多而复杂的意
识描述和意识展现方式，也与我们所习惯的分点逻辑论述的方式相
异，很难对其思想进行条理归纳。因此，有一本从逻辑层面系统明
快地阐述现象学基本思路的著作显得尤其重要。

　　2004 年，我来到索科拉夫斯基教授任教的美国天主教大学做
访问学者。在此之前，曾经在该校做过访问学者的邹诗鹏兄向我推
荐过这本《现象学导论》。当我第一次到索科拉夫斯基教授的办公
室去拜访他时，他给了我一本李维伦博士翻译、在台湾地区出版的
该书中文版样书，译为《现象学十四讲》。索科拉夫斯基教授不懂
中文，向我询问了译文中的很多问题。在我们讨论之后，我初步产
生了重译该书并在中国大陆出版的想法，回国后与武汉大学出版社
的王军风先生一谈，他欣然答应相助。于是这本书就有幸以新的面
目与中国大陆读者见面了。

　　本书由我和本系同事张建华博士合作翻译，我译第一章至第八
章，后因时间关系又加译了第十四章，他译第九章至第十三章及附
录与索引，然后全书由我进行初次统稿，主要是统一译文风格和专

业术语的译法。后来建华博士又按照出版社的要求，对全部译文进行了细细的琢磨和修正。我们在译书过程中力求忠实于原文，除非万不得已，不对原文作删减、增加或者改动。对于大陆译界有异议的一些术语的翻译，我们以脚注的形式简单地谈了自己的看法。我们在翻译过程中曾遇到一些吃不准的问题，五次与索科拉夫斯基教授用电子邮件联系，都得到了详尽而满意的解答。在校稿过程中，有些地方也参考了李维伦博士的译本。

在译稿的校改过程中，华中科技大学哲学系的研究生司强和靳宝同学协助审阅了译稿，在此表示感谢。最后还要特别感谢王军风先生对于我们翻译工作的理解和支持。

高秉江

2008 年 2 月于武汉喻家山麓

出版后记

　　再版这本由索科拉夫斯基教授写作，张建华副教授、高秉江教授翻译，经过精雕细琢的《现象学导论》是一项很有意义的工作，后浪很荣幸能够参与其中。本书在同类作品中的价值是不言而喻的，索科拉夫斯基教授不仅以深入浅出、简明扼要的风格描述了作为科学的现象学，而且立足思想史背景，把握现象学与理性主义精神、现代性发展、后现代思潮之间的脉络关系，这不仅对一般哲学爱好者大有裨益，而且对哲学研究者也深有启发。

　　与通常以时间和人物为线索的哲学导论类作品不同，索科拉夫斯基教授力图展示作为一门科学的现象学自身的显现，"效仿胡塞尔本人撰写的那几本导论""不要说胡塞尔和海德格尔思考过什么，只告诉人们现象学是什么"。由此本书贯彻这一写作初衷，以"知觉""意向结构""时间性""本质直观"等精确的现象学观念为引导，层层深入现象学的不同面向，还原人在认识实践中的完整意识活动。这一点对哲学入门者来说是非常友好的，因为它在一定程度上降低了现象学家那稠密的哲学思想无形中为非哲学研究者所树立的壁垒。

　　在索科拉夫斯基教授的思想视野中，我们看到现象学是如何接过理性精神的接力棒去对抗后现代解构思潮的、如何以自我向真理的敞开回应尼采之后的意义缺席的，也看到了在何种意义上，现象学可以被视为一次超越现代思考基点的哲学探索。在回归哲学的古代理解与回应现代哲学议题上，现象学展示了其方法的生命力。这一点对任何从事哲学思考的人来说都是极具吸引力的。

译者张建华副教授、高秉江教授以多年哲学原典翻译的十足功力准确把握着本书的纹理与脉络，这也是本书初版得以建立良好读者口碑的重要原因之一。哲学文本的转化不仅需要翻译的技巧与艺术，更需要许多细致的功夫去谨慎地厘清盘根错节的思想。希望本书一流的翻译水准能够帮助读者更好地理解现象学。

最后，感谢所有对本书出版提供帮助的人。

后浪出版公司

2021 年 1 月